U0258909

SHITAI
GUSHU

石台古树

主　编　陈方明　｜　副主编　陈文豪　徐延年

中国科学技术大学出版社

内 容 简 介

石台物华天宝,钟灵毓秀。在众多自然与人文遗产中,古树作为"活文物——活着的历史"独具异彩。本书收集整理了这笔宝贵的自然财富。全书分为石台县古树资源概况、古树、古树群三部分,"古树资源概况"包括石台自然地理概况和古树资源现况;"古树"详细介绍了一级、二级、三级古树的数量、树种及分布位置,以及树种的生物学特性等;"古树群"简要介绍了全县已调查的51个古树群落的分布及主要特征。

本书图文并茂,内容丰富,可为林业、城建、环保、旅游等部门提供参考,可供林业工作者、环保工作者和自然资源保护志愿者、旅游爱好者等参阅。

图书在版编目(CIP)数据

石台古树/陈方明主编. —合肥:中国科学技术大学出版社,2019.12
ISBN 978-7-312-04616-2

Ⅰ. 石…　Ⅱ. 陈…　Ⅲ. 树木—介绍—石台县　Ⅳ. S717.254.4

中国版本图书馆CIP数据核字(2018)第285898号

出版	中国科学技术大学出版社
	安徽省合肥市金寨路96号,230026
	http://press. ustc. edu. cn
	https://zgkxjsdxcbs. tmall. com
印刷	安徽联众印刷有限公司
发行	中国科学技术大学出版社
经销	全国新华书店
开本	787 mm×1092 mm　1/16
印张	23
字数	619千
版次	2019年12月第1版
印次	2019年12月第1次印刷
定价	188.00元

本书编委会

序
古树——活着的历史

古树,是自然的馈赠,是前人留下的宝贵资源。一圈圈年轮,诉说着人世间的悲欢离合,铭记着岁月的沧桑变化。一棵棵古树就是一段段的历史记忆,是一个地方历史文化的沉淀符号。它们或以铁干铜枝刚劲挺拔,或以盘根虬枝婀娜婆娑的身姿承载着一代代人对一方山水的乡愁情思。它们是活化石,是绿色文物,是历史的见证者。

古树,经历过朝代的更替,记载着人民的悲欢、世事的沧桑;是历代文人咏诗作画的题材,为文化艺术增添光彩;是名胜古迹的佳景,给人以美的享受;是研究自然史的重要资料,它复杂的年轮结构,蕴含着古水文、古地理、古植被的变迁史。古树对研究树木生理和树种规划具有特殊意义,具有生态、经济、景观、文化、历史、科研和旅游价值,同时也是一个地方文明程度的具体体现之一。

石台县历史悠久,蕴藏着丰富的古树资源,八个乡镇境内均有分布。重点分布村有七都镇八棚、七井、伍村、高路亭,横渡镇兰关、河西,大演乡青联、新联、新农,仙寓镇莲花、大山、山溪,仁里镇高宝等村。本书记载全县共有古树(含古树群内古树)2510株,分属32科51属65种,主要树种有银杏、樟、木犀、枫香树、麻栎、甜槠、苦槠、黄连木、圆柏、榧树、山茱萸、紫柳、枫杨、皂荚、朴树、黑壳楠、石楠、青檀、糙叶树、青冈20种。在散生的1390株古树中,安徽省一级古树36株,二级古树414株,其余为三级古树。另有51个大小古树群,共计1120株古树。

古树能存活至今,实属不易。它们饱经风雨沧桑,见证岁月变迁。然而,石台县古树受自然灾害和保护意识等多方面的影响,破坏现象时有发生,数量亦有所减少,应该引起我们高度重视。

本书是在收集、整理有关资料的基础上,结合编写团队连续3次古树调查和多年的研究成果编写的。共分为三章,第一章概述石台县古树自然地理、历史渊源、资源现况;第二章按古树级别分种介绍石台县重点古树,这部分以清晰精美的图片呈现各类古树的自然状态,并以简要文字对其树种、年龄、经济价值等进行描述;第三章分乡镇介绍了石台县古树群的分布和有关情况。本书的出版填补了石台古树工具书的空白,对于读者了解石台古树的历史和现状具有较高的价值。同时,该书也能为关心古树的非专业人士提供鉴别和保护方面的基本知识,是一本集专业、科普、实用和艺术性于一身的工具书。

安徽省植物学会原理事长、安徽省政府原参事

2018年9月

目　　录

第一章　石台县古树资源概况

第一节　石台县自然地理概况

一、位置与面积

石台县位于安徽省南部山区腹地,介于北纬29°59′40″—30°24′25″,东经117°12′25″—117°59′45″之间。东邻黄山区,南接黟县、祁门县,西接东至县,北连贵池区、青阳县。县境东西长70.7 km,南北宽46 km,总面积1413.83 km²,约占全省面积的1%。

二、自然条件

（一）地形面貌

在地质构造上属江南古陆和南京拗陷的过渡地带,地貌以低山、高丘分布最广。境内山峦重叠,沟壑纵横,地形变化复杂,1000 m以上山峰有18座,分属黄山、九华山山脉。西北部位于九华山脉的南端,东南部是黄山余脉,形成南北高、东西低的倾斜地势。全县海拔为50—1000 m,地势起伏较为明显,最高峰牯牛降主峰海拔1727.6 m,为皖南第三高峰,最低处是西北部的黄盆河床,海拔仅为34 m。山高谷深、坡地陡峻、高差悬殊、起伏急剧是本县地形地貌的特点。

（二）气候

属中亚热带北缘湿润季风气候区。其特点是:气候温和,四季分明,雨量充沛,梅雨显著,日照时数适中,相对湿度大,无霜期较长。在一般年份,春季温凉多雨,夏季炎热湿润,秋季先干后湿,冬季寒冷少雨。季节是春秋短,夏冬长。由于境内地形复杂,高差悬殊,形成了局部小气候和比较明显的垂直分布状况,气温随海拔升高而降低,高山与平地季节变化相差15—20天。

年平均气温16.6 ℃,极端最高温度40.9 ℃,极端最低温度−13.2 ℃,年变幅24.4 ℃。稳定通过10 ℃的活动积温5068.7 ℃。

年平均无霜期约240天,初霜最早出现在10月20日,晚霜最迟到4月5日。一年有1—2次积雪,深度随海拔升高从几厘米到50 cm以下不等。

历年平均降水量1652 mm,≥0.1 mm的降水日数在150天左右。由于受季风气候和地形的强烈影响,降水的时空分布和地域分布很不均匀。5—7月份降雨集中,6月中旬前后进入梅雨季节,三个月降水量占全年的42%;深山区多于低山丘陵区,南部多于北部,由西南向东北方向递减。年均相对湿度79%,蒸发量1256 mm。

多年平均日照时数1606小时,日照百分率为39%,全县太阳辐射量100—110 kcal/cm²,有效辐射量约55 kcal/cm²。

(三)土壤

根据普查,全县土壤共划分为红壤、黄壤、黄棕壤、石灰岩土、石质土、潮土、水稻土7个土类,14个亚类,43个土属,71个土种。土壤分布表现为明显的地带性和多种形式的区域性。

以牯牛降、仙寓山、五塘岗、杨山等为主体的中山山脉,构成以山地黄壤、暗黄棕壤为主的土区;遍布全县的低山丘陵为水平地带性土壤——黄红壤的分布区;石芜公路、香源公路北侧,主要为石灰岩土分布区;秋浦河、后河沿岸及其支流谷地,主要为水稻土分布地区。土壤自东南向西北的大体分布规律是:暗红棕壤—山地黄壤—黄红壤—石灰岩土—水稻土。石台县中山地区受山地小气候影响,形成不同的土壤类型,并有规律地排列成垂直地带谱。其结构和分布随山地坡向、形状与高低的不同而变化。

石台县土壤区域性分布主要有三种:① 山地、丘陵区土壤的枝状分布。每一枝状单位由地带性土壤、非地带性土壤、耕种土壤构成相似的土壤组合。主要有以石灰岩土为主的土壤组合和泥质岩风化物发育的土壤组合两种:前一种分布于石芜公路北侧及香源公路北侧以及小河镇、丁香镇公路沿线的低山丘陵区;后一种主要分布在丁香镇的库山、西岩、张田等地的山地丘陵区。② 宽阔平畈区土壤的阶梯分布。以龙泉畈、莘田畈、尧田畈、红石畈为代表。沿河两侧,距河床30—100 m,相对高差1—2 m的为一级阶地,多分布砾底砂泥田;距河床100—300 m,相对高差3—4 m的为二级阶地,分布有沙泥田;距河床300—500 m,相对高差8—10 m的为三级阶地,分布有扁石泥田或石灰泥田,相对高差8—10 m的岗丘,多为浅石灰泥田或浅扁石泥田。③ 河谷盆地土壤的带状分布。全县三大水系及其支流的河谷盆地,宽窄不一,各类土壤大多沿河床作带状分布,从河床至谷坡土壤的组合方式为:砾底砂泥田—砂泥田—砂底石灰泥田或沙底扁石泥田—石灰泥田或扁石泥田—浅石灰泥田或浅扁石泥田—鸡肝土或扁石黄红土。

(四)河流水系

境内主要河流有秋浦河、清溪河和黄溢河,均属长江水系。秋浦河是县内最大河流,流域面积881 km²,占全县水系总面积的62%,自南向北,流经3镇2乡,经池口入长江,主河道长54 km;清溪河经七都镇东入太平湖汇入青弋江,主河道全长12 km,黄溢河在小河镇出境从东至流入长江,主河道长15 km。

（五）交通运输

交通运输以公路为主，交通较为便利，国道G237线、G530线和殷石公路横贯全境。主要公路干线有八条，呈放射状，由县城分别通往安庆、贵池、青阳、祁门、东至等县市和本县仙寓、七都等乡镇，通车里程达1011.2 km。全县8个乡镇的公路均实现了黑色化，全县79个行政村都实施了"村村通"工程。京台高速"合铜黄"段穿境而过，距济广高速、屯景高速和泸渝高速40 km，随着G3W高速池州至祁门段的开工建设，石台县交通状况将得到极大的改善。

三、社会经济状况

石台县原名石埭县，南梁大同二年（536年）置县，距今已有1480多年历史。全县辖6镇2乡共78个行政村，6个居委会，800个村民组。据2017年统计，全县总户数34753户，总人口10.80万人，人口密度为76.4人/km²；2017年全年生产总值（GDP）261952万元，三次产业比例为16.7∶34.8∶48.5，人均生产总值22014元。县城坐落于中心位置的仁里镇，是全县政治、经济、文化中心。

石台县是国家重点生态功能区，是全国九个"中国天然氧吧"之一，是池州市国家生态经济示范区、国家森林城市、全国森林旅游示范市和安徽省"两山一湖"（黄山、九华山、太平湖）旅游经济区的重要组成部分，是皖南国际旅游文化示范区的核心区域。同时也是"一县一业"专做生态旅游的重点山区县、库区县、国防县、国家级扶贫开发工作重点县。

石台生态旅游资源富集，集"山、水、洞"于一体，有以牯牛降为代表的山岳风光、以秋浦河为代表的湿地特色、以蓬莱仙洞为代表的溶洞地貌、以大山富硒村为代表的田园景观。正式对外开放景区景点11个，其中国家4A级旅游景区7个。石台文化底蕴深厚，有传承至今的大量文物古迹，如太平天国时期兴建的古长城、保存最为完好的史称"徽饶通衢"的古徽道、唐代杉山镇国寺遗址等，是郑本（郑之珍）目连戏的编创地。先后涌现出晚唐诗人杜荀鹤、明代四部尚书毕锵、近代佛学大师杨文会、当代世界语诗人苏阿芒等一批杰出人物。2010年4月，30国驻华大使节游览后联合授予石台"最值得驻华大使馆向世界推荐的'中国原生态最美山乡'"。近些年来，还先后获得了"全国无公害生态茶叶生产示范基地县""安徽省首批旅游经济强县""安徽省首届十佳环境优美县""安徽省休闲农业与乡村旅游示范县"等称号。

四、森林资源概况

全县国土面积141383 ha，其中林地面积128121.5 ha，占90.62%，活立木总蓄积量627.86万立方米，森林覆盖率84.57%，居全省前列，林木绿化率90.25%。

由于地处中亚热带向北亚热带过渡地段，生境条件优越，在漫长的历史演变过程中，形成了石台县动植物区系成分复杂、生物资源十分丰富的特点。植被类型属于中亚热带北缘常绿、落叶阔叶混交林地带，针叶林比重很大。主要有常绿阔叶林、落叶阔叶林、亚热带针叶林、亚热带针阔混交林、竹林以及蒿草、灌丛等植物群落。山地森林植被垂直分布明显。海拔500 m以下,以常绿阔叶林和针叶林为主,500 m以上依次由常绿阔叶林—常绿、落叶阔叶混交林—落叶阔叶林—山地矮林—山地草甸组成。全县植物种类繁多,仅木本植物就有88科237属600余种。其中国家Ⅰ、Ⅱ级重点保护珍稀植物有南方红豆杉、红豆杉、榧树、鹅掌楸、银杏、樟、长序榆、榉树、永瓣藤等16种。列入国家保护名录的古树有2500余株。全县野生动物资源丰富,脊椎动物有82科193属290种。其中兽类49种,鸟类166种,爬行类33种,两栖类17种,鱼类25种。属国家Ⅰ、Ⅱ级重点保护的有金钱豹、云豹、梅花鹿、黑麂、白颈长尾雉、中华秋沙鸭、东方白鹳、短尾猴、猕猴、穿山甲、豺、黑熊等40余种。安徽省地方重点保护野生动物有花面狸、豹猫、毛冠鹿等50余种。素有生物"资源库"和种质"基因库"之称的国家级自然保护区——牯牛降自然保护区就横亘于石台县南部与祁门县交界处。

全县林业系统现有在职职工329人,有助理以上专业技术职称的81人,其中中级职称48人,高级职称12人。县林业局下设县森林公安局及所属6个森林派出所、8个基层林业站、3个省设木竹检查和野生动植物检疫检查站、1个国有林场、1个牯牛降国家级自然保护区石台管理站、1个秋浦河源国家湿地公园管理局,共同担负着全县林业生态保护修复、造林绿化和森林、湿地及陆生野生动植物资源保护与开发利用工作。

第二节　古树资源现况

石台县林业局根据省林业厅统一部署,于2002年、2010年、2015年先后三次组织林业科技人员开展了古树名木资源普查,普查结果表明全县境内共有散生古树1390株,隶属于31科50属64种,其中裸子植物有6科8属9种,被子植物25科42属55种。从种的构成上来看,落叶树种36种,占比近56.3%,常绿树种28种,占比近43.8%。从物种数量上来看,数量最多的三种散生古树为银杏(288株)、圆柏(163株)和枫香树(143株),分别占石台县散生古树总量的20.7%、11.7%和10.3%,其他在石台县内分布较多(总量超过50株)的树种还有苦槠、樟、皂荚、黄连木及木犀,分布仅有1株的树种有侧柏、罗汉松、南方红豆杉、杨梅、栗、栓皮栎、榔榆、红楠、亮叶厚皮香、大果冬青、梧桐、南紫薇、刺楸、野柿、赤杨叶、化香树、楸。除此之外,还有51个古树群分布于石台县内,共计有古树1120株,主要以银杏、樟、枫香树、榧树、紫柳、枫杨、圆柏、麻栎、黄连木等树种为主。

依照石台县行政区划(参见图1.1),石台县八个乡镇中散生古树分布数量最多的为七都镇,共计642株,占比46.2%;仙寓镇次之(211株),占比15.9%;矶滩乡分布数量最少,仅16株,占比约1.2%;其余五个乡镇古树分布数量依次为大演乡170株、横渡镇142株、小河镇93株、丁香镇65株、仁里镇51株。从各乡镇散生古树密度来看,七都镇区划面积最大(380.0 km²),单位面积散生古树数量也最多,接近1.7株/km²;大演乡(144.0 km²)次之,接近1.2株/km²;密度最低的矶滩乡(96.7 km²)不足0.2株/km²。其余乡镇依次为:小河镇(96.0 km²)1.0株/km²、仙寓镇(236.0 km²)0.9株/km²、横渡镇(174.0 km²)0.8株/km²、丁香镇(121.8 km²)0.5株/km²、仁里镇(189.0 km²)0.3株/km²。

各级古树及古树群情况见表1.1—表1.5。

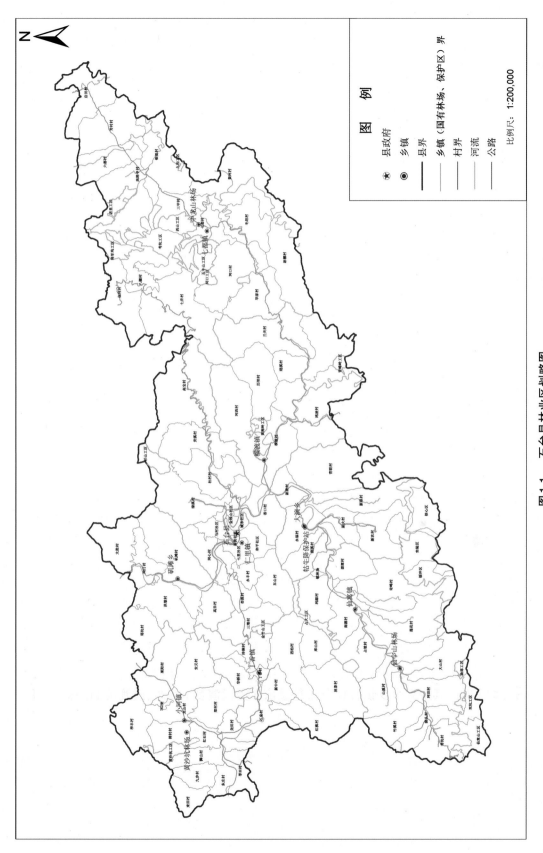

图1.1 石台县林业区划略图

地图审图号：池S(2019)2号

表 1.1　石台县古树概况汇总表（不含古树群）

科	属	种	等级及数量			
			一级	二级	三级	合计
银杏科 Ginkgoaceae	银杏属 Ginkgo	银杏 Ginkgo biloba	13	58	217	288
松科 Pinaceae	松属 Pinus	马尾松 Pinus massoniana		6	1	7
杉科 Taxodiaceae	杉属 Cunninghamia	杉木 Cunninghamia lanceolata			3	3
柏科 Cupressaceae	侧柏属 Platycladus	侧柏 Platycladus orientalis			1	1
	刺柏属 Juniperus	刺柏 Juniperus formosana			3	3
		圆柏 Juniperus chinensis	12	49	102	163
罗汉松科 Podocarpaceae	罗汉松属 Podocarpus	罗汉松 Podocarpus macrophyllus		1		1
红豆杉科 Taxaceae	榧树属 Torreya	榧树 Torreya grandis	1	24	12	37
	红豆杉属 Taxus	南方红豆杉 Taxus wallichiana var. mairei			1	1
杨梅科 Myricaceae	杨梅属 Myrica	杨梅 Myrica rubra			1	1
胡桃科 Juglandaceae	枫杨属 Pterocarya	枫杨 Pterocarya stenoptera		7	29	36
	化香树属 Platycarya	化香树 Platycarya strobilacea			1	1
壳斗科 Fagaceae	栗属 Castanea	栗 Castanea mollissima			1	1
	栲属 Castanopsis	苦槠 Castanopsis sclerophylla	1	28	40	69
		甜槠 Castanopsis eyrei		5	6	11
	青冈属 Cyclobalanopsis	青冈 Cyclobalanopsis glauca		4	6	10
	栎属 Quercus	麻栎 Quercus acutissima	1	27	9	37
		白栎 Quercus fabri			9	9
		小叶青冈 Quercus myrsinifolia		5		5
		细叶青冈 Quercus shennongii		3	1	4
		栓皮栎 Quercus variabilis			1	1
榆科 Ulmaceae	榉属 Zelkova	榉树 Zelkova serrata		4		4
	榆属 Ulmus	榆树 Ulmus pumila			2	2
		榔榆 Ulmus parvifolia		1		1
	刺榆属 Hemiptelea	刺榆 Hemiptelea davidii			2	2
	朴树属 Celtis	紫弹树 Celtis biondii			4	4
		朴树 Celtis sinensis		6	10	16
		珊瑚朴 Celtis julianae		4	7	11
	糙叶树属 Aphananthe	糙叶树 Aphananthe aspera	1	8	18	27
	青檀属 Pteroceltis	青檀 Pteroceltis tatarinowii		7	5	12
木兰科 Magnoliaceae	玉兰属 Yulania	玉兰 Yulania denudata		2	12	14
樟科 Lauraceae	木姜子属 Litsea	豹皮樟 Litsea coreana var. sinensis		1	8	9
	山胡椒属 Lindera	黑壳楠 Lindera megaphylla		8	12	20
	樟属 Cinnamomum	樟 Cinnamomum camphora	4	28	31	63
	楠木属 Phoebe	紫楠 Phoebe sheareri		1	2	3
	润楠属 Machilus	薄叶润楠 Machilus leptophylla			5	5
		红楠 Machilus thunbergii			1	1

科	属	种	等级及数量			
			一级	二级	三级	合计
山茶科 Theaceae	厚皮香属 Ternstroemia	亮叶厚皮香 Ternstroemia nitida			1	1
金缕梅科 Hamamelidaceae	枫香属 Liquidambar	枫香树 Liquidambar formosana		42	101	143
蔷薇科 Rosaceae	石楠属 Photinia	石楠 Photinia serratifolia		14	25	39
豆科 Fabaceae	皂荚属 Gleditsia	皂荚 Gleditsia sinensis	3	15	35	53
	槐属 Sophora	槐树 Sophora japonica		4	13	17
	紫藤属 Wisteria	紫藤 Wisteria sinensis			2	2
	黄檀属 Dalbergia	黄檀 Dalbergia hupeana		2	7	9
大戟科 Euphorbiaceae	乌桕属 Triadica	乌桕 Triadica sebifera			4	4
漆树科 Anacardiaceae	黄连木属 Pistacia	黄连木 Pistacia chinensis		19	61	80
槭树科 Aceraceae	槭属 Acer	三角枫 Acer buergerianum		4	24	28
冬青科 Aquifoliaceae	冬青属 Ilex	大叶冬青 Ilex latifolia			5	5
		大果冬青 Ilex macrocarpa			1	1
		红果冬青 Ilex corallina			2	2
黄杨科 Buxaceae	黄杨属 Buxus	黄杨 Buxus sinica		3		3
鼠李科 Rhamnaceae	枳椇属 Hovenia	枳椇 Hovenia acerba		1	3	4
梧桐科 Sterculiaceae	梧桐属 Firmiana	梧桐 Firmiana platanifolia			1	1
大风子科 Flacourtiaceae	柞木属 Xylosma	柞木 Xylosma congesta			2	2
千屈菜科 Lythraceae	紫薇属 Lagerstroemia	紫薇 Lagerstroemia indica			2	2
		南紫薇 Lagerstroemia subcostata			1	1
山茱萸科 Cornaceae	山茱萸属 Cornus	山茱萸 Cornus officinalis		3	5	8
五加科 Araliaceae	刺楸属 Kalopanax	刺楸 Kalopanax septemlobus			1	1
柿树科 Ebenaceae	柿属 Diospyros	君迁子 Diospyros lotus			3	3
		野柿 Diospyros kaki var. silvestris			1	1
安息香科 Styracaceae	赤杨叶属 Alniphyllum	赤杨叶 Alniphyllum fortunei		1		1
木犀科 Oleaceae	木犀属 Osmanthus	木犀 Osmanthus fragrans		18	57	75
	女贞属 Ligustrum	女贞 Ligustrum lucidum		1	17	18
紫葳科 Bignoniaceae	梓属 Catalpa	楸 Catalpa bungei			3	3
合计			36	414	940	1390

表 1.2 石台县一级古树汇总表

编号	树种	学名	科/属	地点	横坐标	纵坐标	海拔(m)	估测树龄(年)	树高(m)	胸围(cm)	冠幅(m) 东西	冠幅(m) 南北	特殊状况描述
10504	圆柏	Juniperus chinensis L.	柏科刺柏属	七都镇高路亭村塔洞坡	117.801	30.304	217	510	13	260	3	2	基部空心、整株斜
10505	圆柏	Juniperus chinensis L.	柏科刺柏属	七都镇高路亭村塔洞坡	117.801	30.304	217	510	12	210	4	5	主梢枯死
10507	圆柏	Juniperus chinensis L.	柏科刺柏属	七都镇三甲村黄家路边	117.799	30.249	155	510	18	280	6	6	树梢多侧枝枯死
10503	圆柏	Juniperus chinensis L.	柏科刺柏属	七都镇毕家村水口	117.702	30.212	550	510	20	290	7	9	/
10502	银杏	Ginkgo biloba L.	银杏科银杏属	七都镇毕家村八墩	117.721	30.188	215	510	25	470	12	10	/
10497	皂荚	Gleditsia sinensis Lam	豆科皂荚属	七都镇八棚村路边(程家)	117.744	30.289	828	550	13	480	12	16	/
10499	银杏	Ginkgo biloba L.	银杏科银杏属	七都镇八棚村阴边	117.744	30.294	800	500	22	427	13	15	/
10498	皂荚	Gleditsia sinensis Lam	豆科皂荚属	七都镇八棚村上画坑	117.721	30.005	721	510	26	510	24	22	/
10506	银杏	Ginkgo biloba L.	银杏科银杏属	七都镇七井村中学门口	117.695	30.267	527	510	30	700	18	15	根部萌生3株
10508	皂荚	Gleditsia sinensis Lam	豆科皂荚属	七都镇伍村村陈家呈后(水口)	117.685	30.304	695	500	15	850	14	14	树干基部空心
10509	圆柏	Juniperus chinensis L.	柏科刺柏属	七都镇伍村村叶家水口	117.71	30.383	553	500	20	267	7	9	/
10510	圆柏	Juniperus chinensis L.	柏科刺柏属	七都镇伍村村叶家水口	117.709	30.292	560	500	21	270	6	9	/
10511	圆柏	Juniperus chinensis L.	柏科刺柏属	七都镇伍村村叶家水口	117.709	30.292	557	500	19	216	6	7	/
10500	银杏	Ginkgo biloba L.	银杏科银杏属	七都镇七井村黄水坑	117.724	30.252	768	600	31	708	11	9	/
10501	银杏	Ginkgo biloba L.	银杏科银杏属	七都镇七井村黄水坑	117.724	30.252	770	500	28	600	9	7	树干遭雷击
10514	圆柏	Juniperus chinensis L.	柏科刺柏属	仙寓镇竹溪村道士观	117.313	30.055	180	500	18	264	9	9	树体倾斜
10513	樟	Cinnamomum camphora (L.) Presl	樟科樟属	仙寓镇利源村五组亭廊	117.416	30.141	160	510	28	620	22	22	/
10486	樟	Cinnamomum camphora (L.) Presl	樟科樟属	大演镇永福村永福下首	117.49	30.15	103	600	19	826	18	39	/
10488	银杏	Ginkgo biloba L.	银杏科银杏属	大演乡永福村永福下首	117.49	30.155	100	600	21	410	13	15	/

编号	树种	学名	科,属	地点	横坐标	纵坐标	海拔(m)	估测树龄(年)	树高(m)	胸围(cm)	冠幅(m) 东西	冠幅(m) 南北	特殊状况描述
10487	樟	Cinnamomum camphora (L.) Presl	樟科樟属	大演乡永福村永福下首	117.49	30.155	100	600	19	610	32	30	/
10483	圆柏	Juniperus chinensis L.	柏科刺柏属	大演乡绸溪村和平背屋里	117.469	30.133	100	500	21	294	8	9	/
10485	樟	Cinnamomum camphora (L.) Presl	樟科樟属	大演乡新联村孙家	117.517	30.086	280	600	20	498	21	22	/
10484	麻栎	Quercus acutissima Carruth.	壳斗科麻栎属	大演乡新联村三组桥头	117.516	30.088	250	550	29	620	24	25	/
10491	银杏	Ginkgo biloba L.	银杏科银杏属	横渡镇兰关村外屋下首	117.669	30.216	250	510	20	530	18	19	根部萌条较多
10493	榧树	Torreya grandis Fortune ex Lindl.	红豆杉科榧树属	横渡镇兰关村外屋下首	117.669	30.216	250	510	18	450	9	8	树干主梢折断
10492	银杏	Ginkgo biloba L.	银杏科银杏属	横渡镇兰关村余家田(胡下)	117.671	30.202	200	510	16	358	19	20	/
10494	银杏	Ginkgo biloba L.	银杏科银杏属	横渡镇兰关村舒广米屋边	117.658	30.154	100	550	17	433	10	9	树干中空
10495	银杏	Ginkgo biloba L.	银杏科银杏属	横渡镇历坝村杜坞坑	117.637	30.19	170	500	17	402	15	13	/
10496	银杏	Ginkgo biloba L.	银杏科银杏属	横渡镇历坝村金竹坑	117.623	30.191	150	510	11	314	11	10	主杆遭雷击
10512	苦槠	Castanopsis sclerophylla (Lindl.) Schottky	壳斗科栲属	仁里镇缘溪村缘溪路口	117.508	30.228	80	500	10	502	13	10	/
10518	糙叶树	Aphananthe aspera (Thunb.) Planch.	榆科糙叶树属	小河镇龙山村花园下首	117.327	30.265	80	500	15	453	16	15	/
10515	圆柏	Juniperus chinensis L.	柏科刺柏属	小河镇安元村坟上村口	117.358	30.245	110	500	10	180	5	5	/
10516	圆柏	Juniperus chinensis L.	柏科刺柏属	小河镇安元村坟上村口	117.355	30.244	110	500	11	285	6	7	/
10517	圆柏	Juniperus chinensis L.	柏科刺柏属	小河镇安元村坟上村口	117.355	30.244	110	500	12	248	9	12	/
10489	银杏	Ginkgo biloba L.	银杏科银杏属	丁香镇红桃村黄坑	117.311	30.164	100	520	19	429	23	19	河沿一侧河水冲刷洗空
10490	银杏	Ginkgo biloba L.	银杏科银杏属	丁香镇红桃村白木	117.314	30.181	80	500	17	530	14	14	/

表1.3 石台县二级古树汇总表

编号	树种	学名	科、属	地点	横坐标	纵坐标	海拔(m)	估测树龄(年)	树高(m)	胸围(cm)	冠幅(m) 东西	冠幅(m) 南北	特殊状况描述
20001	枫香树	Liquidambar formosana Hance	金缕梅科枫香属	七都镇高路亭村来龙路边	117.778	30.319	295	350	33.0	490	8	5	死亡
20002	枫香树	Liquidambar formosana Hance	金缕梅科枫香属	七都镇高路亭村来龙路边	117.778	30.32	295	350	32.0	450	6	8	无
20003	圆柏	Juniperus chinensis L.	柏科刺柏属	七都镇高路亭村李森林门口	117.777	30.32	300	410	8.0	230	2	2	一侧枯死
20004	木犀	Osmanthus fragrans (Thunb.) Lour.	木犀科木犀属	七都镇高路亭村前山	117.82	30.295	199	310	14.0	180	3	4	2 m处有1 m空巢
20005	石楠	Photinia serratifolia (Desf.) Kalkman	蔷薇科石楠属	七都镇高路亭村新庄里	117.796	30.308	226	310	10.0	330	7	4	生长在坎上
20006	苦槠	Castanopsis sclerophylla (Lindl.) Schottky	壳斗科槠属	七都镇启田村水磨路边	117.914	30.339	145	350	8.0	380	9	11	主杆北侧枯死
20007	枫香树	Liquidambar formosana Hance	金缕梅科枫香属	七都镇启田村万觉岭	117.898	30.333	170	300	24.0	350	14	10	无
20008	黑壳楠	Lindera megaphylla Hemsl.	樟科山胡椒属	七都镇芳村村方玉修门口	117.883	30.327	170	310	13.0	350	7	10	1.4 m处分杈
20009	木犀	Osmanthus fragrans (Thunb.) Lour.	木犀科木犀属	七都镇芳村村村尚地（沟边）	117.872	30.32	158	310	11.0	370	10	14	基部分6杈
20010	圆柏	Juniperus chinensis L.	柏科刺柏属	七都镇六都村中间屋	117.83	30.337	327	310	17.0	200	7	8	无
20011	黄连木	Pistacia chinensis Bunge	漆树科黄连木属	七都镇六都村太平山松树根	117.825	30.346	402	340	22.0	380	10	10	无
20012	木犀	Osmanthus fragrans (Thunb.) Lour.	木犀科木犀属	七都镇芳村村观音山	117.89	30.301	236	320	9.0	230	12	14	立于石坎上，2 m处分多杈
20013	银杏	Ginkgo biloba L.	银杏科银杏属	七都镇六都村角龙垅	117.848	30.304	143	310	15.0	270	10	10	生长旺盛
20014	木犀	Osmanthus fragrans (Thunb.) Lour.	木犀科木犀属	七都镇银堤村益古圲（河边）	117.86	30.276	151	410	11.0	260	10	11	1.7 m处分7杈

编号	树种	学名	科、属	地点	横坐标	纵坐标	海拔(m)	估测树龄(年)	树高(m)	胸围(cm)	冠幅(m)东西	冠幅(m)南北	特殊状况描述
20015	木犀	Osmanthus fragrans (Thunb.) Lour.	木犀科木犀属	七都镇银堤村益古圩	117.861	30.276	150	410	12.0	230	12	7	1.7 m处分7杈
20016	木犀	Osmanthus fragrans (Thunb.) Lour.	木犀科木犀属	七都镇银堤村益古圩	117.861	30.277	144	410	12.0	230	12	7	1.3 m处分杈
20017	木犀	Osmanthus fragrans (Thunb.) Lour.	木犀科木犀属	七都镇银堤村益古圩(沟边)	117.861	30.276	156	300	12.0	240	13	10	1.5 m处分杈
20018	木犀	Osmanthus fragrans (Thunb.) Lour.	木犀科木犀属	七都镇银堤村益古圩(沟边)	117.861	30.276	156	300	13.0	200	14	12	1.4 m处分杈
20019	圆柏	Juniperus chinensis L.	柏科刺柏属	七都镇三甲村黄家田边	117.8	30.252	165	310	16.0	250	5	5	分2杈，一枝梢枯死
20020	枫杨	Pterocarya stenoptera C. DC.	胡桃科枫杨属	七都镇黄河村焦坑	117.81	30.236	154	310	28.0	520	22	18	无
20021	枫杨	Pterocarya stenoptera C. DC.	胡桃科枫杨属	七都镇七都村查上桥边	117.763	30.238	203	310	22.0	380	25	23	无
20022	银杏	Ginkgo biloba L.	银杏科银杏属	七都镇毛坦村墩上	117.769	30.299	180	360	12.0	380	16	14	树干5 m处分杈
20023	圆柏	Juniperus chinensis L.	柏科刺柏属	七都镇河口村埇头	117.744	30.224	243	360	12.0	220	7	5	无
20024	石楠	Photinia serratifolia (Desf.) Kalkman	蔷薇科石楠属	七都镇高路亭村中龙山	117.785	30.3	519	310	11.0	200	10	10	无
20025	黑壳楠	Lindera megaphylla Hemsl.	樟科山胡椒属	七都镇高路亭村中龙山水口	117.786	30.299	498	300	15.0	260	12	11	无
20026	三角枫	Acer buergerianum Miq.	槭树科槭属	七都镇高路亭村中龙山水口	117.786	30.299	459	320	26.0	285	13	12	树干5 m处分杈
20027	小叶青冈	Quercus myrsinifolia Blume	壳斗科栎属	七都镇高路亭村石印坑	117.773	30.296	451	320	15.0	230	10	9	树干基部空心
20028	小叶青冈	Quercus myrsinifolia Blume	壳斗科栎属	七都镇高路亭村来垅山水口	117.773	30.296	453	323	15.0	220	10	10	无
20029	小叶青冈	Quercus myrsinifolia Blume	壳斗科栎属	七都镇高路亭村来垅山水口	117.773	30.296	450	323	16.0	260	11	9	无

编号	树种	学名	科、属	地点	横坐标	纵坐标	海拔(m)	估测树龄(年)	树高(m)	胸围(cm)	冠幅(m) 东西	冠幅(m) 南北	特殊状况描述
20030	小叶青冈	*Quercus myrsinifolia* Blume	壳斗科栎属	七都镇高路亭村来垅山水口	117.773	30.296	454	323	11.0	230	10	9	树干基部空心
20031	榉树	*Zelkova serrata* (Thunb.) Makino	榆科榉属	七都镇高路亭村石印坑水口	117.774	30.296	404	353	15.0	270	7	9	树干10 m处分枝
20032	榉树	*Zelkova serrata* (Thunb.) Makino	榆科榉属	七都镇高路亭村石印坑水口	117.774	30.296	417	400	23.0	420	14	12	无
20033	皂荚	*Gleditsia sinensis* Lam.	豆科皂荚属	七都镇八棚村路边	117.744	30.289	823	413	11.0	280	10	6	主杆倾斜
20034	圆柏	*Juniperus chinensis* L.	柏科刺柏属	七都镇八棚村程家	117.743	30.289	819	313	11.0	200	8	9	原仁一里派出所挂牌保护
20035	银杏	*Ginkgo biloba* L.	银杏科银杏属	七都镇八棚村黄尖上蓬	117.746	30.291	853	303	18.0	254	10	10	无
20036	银杏	*Ginkgo biloba* L.	银杏科银杏属	七都镇八棚村黄尖阴边	117.743	30.293	807	350	23.0	240	16	12	根部萌发
20037	银杏	*Ginkgo biloba* L.	银杏科银杏属	七都镇八棚村黄尖阴边	117.743	30.293	807	350	25.0	310	12	15	1.7 m处分枝
20038	圆柏	*Juniperus chinensis* L.	柏科刺柏属	七都镇八棚村阴边水口	117.743	30.294	806	300	15.0	160	6	7	无
20039	圆柏	*Juniperus chinensis* L.	柏科刺柏属	七都镇八棚村阴边水口	117.743	30.294	803	300	15.0	165	6	5	无
20040	圆柏	*Juniperus chinensis* L.	柏科刺柏属	七都镇八棚村阴边水口	117.743	30.294	813	303	16.0	182	5	5	无
20041	圆柏	*Juniperus chinensis* L.	柏科刺柏属	七都镇八棚村阴边水口	117.744	30.293	807	303	11.0	140	2	3	无
20042	圆柏	*Juniperus chinensis* L.	柏科刺柏属	七都镇八棚村阴边水口	117.744	30.293	801	303	12.0	206	3	3	无
20043	榉树	*Zelkova serrata* (Thunb.) Makino	榆科榉属	七都镇八棚村阴边	117.745	30.293	820	313	18.0	230	8	10	东南侧枝多，基部树皮开裂中空
20044	银杏	*Ginkgo biloba* L.	银杏科银杏属	七都镇八棚村阴边	117.746	30.294	807	400	25.0	283	15	11	萌发7株，基部裸露
20045	榉树	*Zelkova serrata* (Thunb.) Makino	榆科榉属	七都镇七都南坞后山	117.762	30.279	489	303	23.0	285	13	13	无

编号	树种	学名	科,属	地点	横坐标	纵坐标	海拔 (m)	估测树龄 (年)	树高 (m)	胸围 (cm)	冠幅 (m) 东西	冠幅 (m) 南北	特殊状况描述
20046	枫香树	Liquidambar formosana Hance	金缕梅科枫香属	七都镇八棚村瓦屋垦屋后	117.736	30.301	840	310	25.0	310	11	8	无
20047	石楠	Photinia serratifolia (Desf.) Kalkman	蔷薇科石楠属	七都镇八棚村上画坑	117.721	30.289	728	400	14.0	210	13	15	无
20048	皂荚	Gleditsia sinensis Lam.	豆科皂荚属	七都镇八棚村上画坑水口	117.721	30.289	714	350	21.0	205	9	9	无
20049	皂荚	Gleditsia sinensis Lam.	豆科皂荚属	七都镇八棚村上画坑水口	117.721	30.289	723	350	16.0	200	13	11	无
20050	皂荚	Gleditsia sinensis Lam.	豆科皂荚属	七都镇八棚村上画坑水口	117.721	30.289	722	350	29.0	230	9	11	无
20051	黄连木	Pistacia chinensis Bunge	橄榄科黄连木属	七都镇八棚村上画坑(垦后)	117.723	30.289	738	303	24.0	230	6	6	无
20052	圆柏	Juniperus chinensis L.	柏科刺柏属	七都镇八棚村上画坑(垦后)	117.722	30.289	737	403	13.0	220	7	8	树干1.3 m处分枝
20053	皂荚	Gleditsia sinensis Lam.	豆科皂荚属	七都镇八棚村上画坑(米垅山)	117.722	30.289	736	300	16.0	190	9	8	无
20054	皂荚	Gleditsia sinensis Lam.	豆科皂荚属	七都镇八棚村上画坑(米垅山)	117.722	30.289	734	400	17.0	320	8	10	无
20055	山茱萸	Cornus officinalis Sieb. et Zucc.	山茱萸科山茱萸属	七都镇八棚村上画坑	117.722	30.288	734	300	6.0	180	8	8	无
20056	黄连木	Pistacia chinensis Bunge	橄榄科黄连木属	七都镇七井村石壁下	117.701	30.267	546	310	17.0	200	10	11	无
20057	黄檀	Dalbergia hupeana Hance	豆科黄檀属	七都镇七井村石壁下	117.701	30.267	547	310	20.0	150	7	9	根部裸露基部空洞
20058	麻栎	Quercus acutissima Carruth.	壳斗科麻栎属	七都镇七井村石壁下	117.701	30.267	558	300	28.0	300	15	16	无
20059	青檀	Pteroceltis tatarinowii Maxim.	榆科青檀属	七都镇七井村中学门口	117.694	30.267	527	350	21.0	400	20	21	基部分枝

编号	树种	学名	科/属	地点	横坐标	纵坐标	海拔(m)	估测树龄(年)	树高(m)	胸围(cm)	冠幅(m) 东西	冠幅(m) 南北	特殊状况描述
20060	圆柏	Juniperus chinensis L.	柏科刺柏属	七都镇七井村中学门口	117.694	30.267	527	310	20.0	200	7	8	无
20061	圆柏	Juniperus chinensis L.	柏科刺柏属	七都镇七井村垄上	117.697	30.268	534	410	18.0	230	10	9	无
20062	玉兰	Yulania denudata (Desr.) D. L. Fu	木兰科玉兰属	七都镇伍村里洪谷	117.736	30.319	836	400	11.0	310	8	11	无
20063	女贞	Ligustrum lucidum W. T. Aiton	木犀科女贞属	七都镇伍村中洪谷水口	117.73	30.31	781	300	16.0	240	12	10	无
20064	三角枫	Acer buergerianum Miq.	槭树科槭属	七都镇伍村陈村	117.671	30.298	543	300	30.0	270	12	10	无
20065	皂荚	Gleditsia sinensis Lam.	豆科皂荚属	七都镇伍村陈村屋后(水口)	117.685	30.304	696	400	20.0	393	18	16	无
20066	山茱萸	Cornus officinalis Sieb. et Zucc.	山茱萸科山茱萸属	七都镇伍村村东图	117.718	30.313	705	310	9.0	400	14	14	树冠较大
20067	槐树	Sophora japonica L.	豆科槐属	七都镇伍村村东图铳铵墩	117.721	30.312	729	400	23.0	330	20	17	树干主梢遭雷击
20068	银杏	Ginkgo biloba L.	银杏科银杏属	七都镇伍村叶家村口	117.71	30.295	562	300	16.0	300	14	14	主杆遭雷击
20069	银杏	Ginkgo biloba L.	银杏科银杏属	七都镇八棚村同乐	117.721	30.281	806	400	30.0	340	11	14	1993年遭雷击
20070	银杏	Ginkgo biloba L.	银杏科银杏属	七都镇八棚村同乐	117.721	30.281	806	400	32.0	700	13	14	基部分2株,东南侧杆空心
20071	榧树	Torreya grandis Fortune ex Lindl.	红豆杉科榧树属	七都镇八棚村同乐组	117.72	30.281	805	400	24.0	300	12	14	无
20072	枫杨	Pterocarya stenoptera C. DC.	胡桃科枫杨属	七都镇七井村黄水坑	117.724	30.253	760	310	18.0	400	9	7	无
20073	枫杨	Pterocarya stenoptera C. DC.	胡桃科枫杨属	七都镇七井村黄水坑	117.724	30.253	770	360	19.0	410	11	13	基部空心
20074	枫香树	Liquidambar formosana Hance	金缕梅科枫香属	七都镇七井村葡萄田	117.718	30.256	751	400	31.0	370	8	8	无
20075	山茱萸	Cornus officinalis Sieb. et Zucc.	山茱萸科山茱萸属	七都镇七井村葡萄田	117.719	30.255	749	310	8.0	380	11	9	无

编号	树种	学名	科、属	地点	横坐标	纵坐标	海拔(m)	估测树龄(年)	树高(m)	胸围(cm)	冠幅(m) 东西	冠幅(m) 南北	特殊状况描述
20076	圆柏	Juniperus chinensis L.	柏科刺柏属	七都镇七井村前村	117.723	30.262	761	300	15.0	142	7	7	无
20077	圆柏	Juniperus chinensis L.	柏科刺柏属	七都镇七井村前村	117.723	30.262	760	300	17.0	115	7	8	无
20078	圆柏	Juniperus chinensis L.	柏科刺柏属	七都镇七井村前村	117.723	30.262	757	300	17.0	138	7	8	无
20079	皂荚	Gleditsia sinensis Lam.	豆科皂荚属	七都镇七井村张村组	117.721	30.275	662	400	28.0	576	17	17	遭雷击部分枝丫枯死
20080	槐树	Sophora japonica L.	豆科槐属	七都镇七井村张村组屋后	117.721	30.275	664	400	24.0	350	15	13	主杆遭雷击,风折
20081	石楠	Photinia serratifolia (Desf.) Kalkman	蔷薇科石楠属	七都镇七井村老鸭坦	117.714	30.265	766	400	16.0	270	13	12	无
20082	枫香树	Liquidambar formosana Hance	金缕梅科枫香属	七都镇七井村石井	117.708	30.257	677	400	35.0	450	10	9	无
20083	圆柏	Juniperus chinensis L.	柏科刺柏属	七都镇七井村阴边庙边	117.706	30.289	537	400	18.0	148	6	6	无
20084	三角枫	Acer buergerianum Miq.	槭树科槭属	七都镇七井村阴边庙边	117.706	30.289	540	300	24.0	260	15	15	无
20085	圆柏	Juniperus chinensis L.	柏科刺柏属	七都镇七井村阴边	117.704	30.288	547	400	20.0	190	5	5	无
20086	圆柏	Juniperus chinensis L.	柏科刺柏属	七都镇七井村阴边水口	117.71	30.287	567	300	20.0	160	8	8	无
20087	圆柏	Juniperus chinensis L.	柏科刺柏属	七都镇七井村阴边水口	117.71	30.286	567	300	20.0	130	7	6	无
20088	圆柏	Juniperus chinensis L.	柏科刺柏属	七都镇七井村阴边水口	117.711	30.286	567	300	19.0	110	4	5	无
20089	圆柏	Juniperus chinensis L.	柏科刺柏属	七都镇七井村阴边水口	117.711	30.286	570	300	21.0	146	6	6	无
20090	石楠	Photinia serratifolia (Desf.) Kalkman	蔷薇科石楠属	七都镇七井村张家水口	117.692	30.288	398	300	15.0	220	17	9	无
20091	枫香树	Liquidambar formosana Hance	金缕梅科枫香属	七都镇七井村张家水口	117.692	30.288	397	320	26.0	386	16	16	无
20092	枫香树	Liquidambar formosana Hance	金缕梅科枫香属	七都镇七井村张家水口	117.692	30.288	397	310	26.0	310	14	14	无
20093	石楠	Photinia serratifolia (Desf.) Kalkman	蔷薇科石楠属	七都镇七井村张家水口	117.692	30.288	397	350	15.0	158	12	12	无

编号	树种	学名	科属	地点	横坐标	纵坐标	海拔(m)	估测树龄(年)	树高(m)	胸围(cm)	冠幅(m) 东西	冠幅(m) 南北	特殊状况描述
20094	圆柏	Juniperus chinensis L.	柏科刺柏属	七都镇七井村张家水口	117.692	30.288	396	310	16.0	127	7	7	无
20095	银杏	Ginkgo biloba L.	银杏科银杏属	七都镇七井村中屋里	117.69	30.288	394	400	30.0	550	15	18	无
20096	银杏	Ginkgo biloba L.	银杏科银杏属	七都镇七井村中屋里	117.69	30.288	384	400	20.0	340	15	15	无
20097	朴树	Celtis sinensis Pers.	榆科朴树属	七都镇七井村方家水口	117.682	30.287	367	300	20.0	260	18	16	无
20098	青檀	Pteroceltis tatarinowii Maxim.	榆科青檀属	七都镇七井村岳岭头水口	117.697	30.247	692	400	25.0	180	14	6	基部萌生3株
20099	青檀	Pteroceltis tatarinowii Maxim.	榆科青檀属	七都镇七井村岳岭头水口	117.698	30.247	692	400	26.0	600	20	12	无
20100	玉兰	Yulania denudata (Desr.) D. L. Fu	木兰科玉兰属	七都镇七井村岳岭头	117.698	30.247	695	400	9.0	310	8	6	无
20101	麻栎	Quercus acutissima Carruth.	壳斗科麻栎属	七都镇七井村乱石里	117.694	30.257	488	410	32.0	370	17	20	无
20102	银杏	Ginkgo biloba L.	银杏科银杏属	七都镇七井村乱石里	117.694	30.257	501	410	27.0	323	15	20	无
20103	麻栎	Quercus acutissima Carruth.	壳斗科麻栎属	七都镇七井村乱石里	117.694	30.255	494	400	35.0	355	15	17	无
20104	麻栎	Quercus acutissima Carruth.	壳斗科麻栎属	七都镇七井村乱石里	117.694	30.257	486	300	30.0	295	14	12	无
20105	麻栎	Quercus acutissima Carruth.	壳斗科麻栎属	七都镇七井村乱石里	117.694	30.257	482	300	31.0	328	20	12	无
20106	麻栎	Quercus acutissima Carruth.	壳斗科麻栎属	七都镇七井村乱石里(公路下方)	117.694	30.257	486	400	17.0	270	16	14	无
20107	麻栎	Quercus acutissima Carruth.	壳斗科麻栎属	七都镇七井村乱石里(土地庙边)	117.693	30.258	480	400	31.0	292	20	16	无
20108	麻栎	Quercus acutissima Carruth.	壳斗科麻栎属	七都镇七井村银坑	117.713	30.273	474	400	30.0	320	18	16	无
20109	麻栎	Quercus acutissima Carruth.	壳斗科麻栎属	七都镇七井村乱石里(公路上方)	117.713	30.273	501	400	20.0	291	12	11	无
20110	麻栎	Quercus acutissima Carruth.	壳斗科麻栎属	七都镇七井村乱石里(公路上方)	117.693	30.258	497	400	24.0	220	14	12	无
20111	麻栎	Quercus acutissima Carruth.	壳斗科麻栎属	七都镇七井村乱石里	117.693	30.258	497	400	32.0	250	18	16	无
20112	麻栎	Quercus acutissima Carruth.	壳斗科麻栎属	七都镇七井村乱石里	117.693	30.258	504	400	32.0	350	20	22	无

编号	树种	学名	科.属	地点	横坐标	纵坐标	海拔(m)	估测树龄(年)	树高(m)	胸围(cm)	冠幅(m) 东西	冠幅(m) 南北	特殊状况描述
20113	银杏	Ginkgo biloba L.	银杏科银杏属	七都镇七井村丰甘坑头	117.683	30.241	580	400	32.0	650	15	17	基部空巢腐烂
20114	银杏	Ginkgo biloba L.	银杏科银杏属	七都镇七井村明丰甘坑头	117.683	30.241	580	400	33.0	450	12	10	无
20115	银杏	Ginkgo biloba L.	银杏科银杏属	七都镇七井村甘坑	117.686	30.249	478	300	17.0	240	11	12	雷击下方空心
20116	珊瑚朴	Celtis julianae C. K. Schneid. in Sarg.	榆科朴树属	七都镇七井村银坑凤形	117.687	30.249	468	300	25.0	320	12	14	树干基部南侧空心
20117	枫香树	Liquidambar formosana Hance	金缕梅科枫香属	七都镇七井村银坑龟形	117.688	30.249	481	300	20.0	360	16	15	无
20118	黄连木	Pistacia chinensis Bunge	漆树科黄连木属	七都镇七井村银坑龟形	117.687	30.249	492	300	26.0	400	12	12	无
20119	银杏	Ginkgo biloba L.	银杏科银杏属	七都镇七井村甘坑	117.688	30.25	474	300	20.0	250	11	12	无
20120	枫香树	Liquidambar formosana Hance	金缕梅科枫香属	七都镇七井村坑水口	117.687	30.25	465	300	28.0	350	12	13	无
20121	银杏	Ginkgo biloba L.	银杏科银杏属	七都镇七井村明丰水竹坦(路边)	117.676	30.244	596	300	22.0	410	14	8	无
20122	银杏	Ginkgo biloba L.	银杏科银杏属	七都镇七井村明丰(公路上)	117.676	30.244	600	300	20.0	220	10	12	树干基部萌发4株
20123	银杏	Ginkgo biloba L.	银杏科银杏属	七都镇七井村汪家水口	117.676	30.244	606	330	20.0	400	14	10	树干基部空心
20124	银杏	Ginkgo biloba L.	银杏科银杏属	七都镇七井村汪家水竹坦	117.676	30.244	604	400	32.0	390	14	14	无
20125	银杏	Ginkgo biloba L.	银杏科银杏属	七都镇七井村竹坦(公路上)	117.677	30.245	587	400	32.0	450	14	12	无
20126	豹皮樟	Litsea coreana var. sinensis (C. K. Allen) Yen C. Yang et P. H. Huang	樟科木姜子属	七都镇七井村明丰水竹坦	117.676	30.246	610	300	24.0	280	9	8	无

编号	树种	学名	科/属	地点	横坐标	纵坐标	海拔(m)	估测树龄(年)	树高(m)	胸围(cm)	冠幅(m) 东西	冠幅(m) 南北	特殊状况描述
20127	圆柏	Juniperus chinensis L.	柏科刺柏属	七都镇七井村水竹里	117.677	30.245	603	300	18.0	160	4	4	树干2m处分杈
20128	圆柏	Juniperus chinensis L.	柏科刺柏属	七都镇七井村水竹里	117.677	30.245	593	300	18.0	190	10	12	无
20129	圆柏	Juniperus chinensis L.	柏科刺柏属	七都镇七井村水竹里(庙边)	117.678	30.246	581	300	17.0	200	6	5	基部腐烂
20130	麻栎	Quercus acutissima Carruth.	壳斗科麻栎属	七都镇七井村水竹里	117.678	30.246	589	310	30.0	390	16	14	无
20131	珊瑚朴	Celtis julianae C. K. Schneid. in Sarg.	榆科朴树属	七都镇七井村济下坑	117.651	30.225	527	400	25.0	270	10	12	无
20132	榧树	Torreya grandis Fortune ex Lindl.	红豆杉科榧树属	七都镇七井村济下坑	117.651	30.225	521	400	26.0	190	14	16	无
20133	榧树	Torreya grandis Fortune ex Lindl.	红豆杉科榧树属	七都镇七井村济下坑	117.651	30.225	520	400	16.0	170	10	12	无
20134	榧树	Torreya grandis Fortune ex Lindl.	红豆杉科榧树属	七都镇七井村济下坑	117.651	30.226	511	400	18.0	270	7	6	2m处分杈
20135	榧树	Torreya grandis Fortune ex Lindl.	红豆杉科榧树属	七都镇七井村济下坑	117.651	30.226	510	400	17.0	230	10	8	主梢干枯腐烂
20136	榧树	Torreya grandis Fortune ex Lindl.	红豆杉科榧树属	七都镇七井村济下坑	117.651	30.226	483	400	30.0	280	8	9	树干基部上侧空心
20137	榧树	Torreya grandis Fortune ex Lindl.	红豆杉科榧树属	七都镇七井村济下坑	117.651	30.226	483	400	29.0	300	10	10	基部上侧空心腐烂
20138	榧树	Torreya grandis Fortune ex Lindl.	红豆杉科榧树属	七都镇七井村济下坑	117.651	30.226	486	300	18.0	170	8	9	无
20139	黑壳楠	Lindera megaphylla Hemsl.	樟科山胡椒属	七都镇七井村济下坑(水口)	117.651	30.226	480	300	16.0	260	10	6	无
20140	榧树	Torreya grandis Fortune ex Lindl.	红豆杉科榧树属	七都镇七井村济下坑	117.651	30.226	487	400	18.0	220	8	8	无

续表

编号	树种	学名	科、属	地点	横坐标	纵坐标	海拔(m)	估测树龄(年)	树高(m)	胸围(cm)	冠幅(m) 东西	冠幅(m) 南北	特殊状况描述
20141	圆柏	Juniperus chinensis L.	柏科刺柏属	七都镇七井村周村	117.654	30.237	540	400	15.0	200	6	5	树干基部人为砍削
20142	榧树	Torreya grandis Fortune ex Lindl.	红豆杉科榧树属	七都镇七井村周村	117.654	30.238	544	400	8.0	340	4	5	主杆枯死,树体部分腐烂
20143	枫香树	Liquidambar formosana Hance	金缕梅科枫香属	七都镇七井村周村	117.653	30.238	553	400	40.0	400	17	19	冠幅较大,生长旺盛
20144	银杏	Ginkgo biloba L.	银杏科银杏属	七都镇七井村周村	117.656	30.238	560	300	19.0	580	20	24	基部萌发3株
20145	榧树	Torreya grandis Fortune ex Lindl.	红豆杉科榧树属	七都镇七井村周村	117.657	30.238	560	400	9.0	370	6	8	主杆断,梢部重新萌发
20146	银杏	Ginkgo biloba L.	银杏科银杏属	七都镇七井村荻田	117.669	30.236	715	300	18.0	220	10	14	生长在坎上,树体倾斜
20147	银杏	Ginkgo biloba L.	银杏科银杏属	七都镇七井村荻田	117.67	30.236	730	300	13.0	220	9	10	无
20148	银杏	Ginkgo biloba L.	银杏科银杏属	仙寓镇奇峰村下首	117.438	30.086	593	490	25.0	351	17	18	保护较好
20149	皂荚	Gleditsia sinensis Lam.	豆科皂荚属	仙寓镇奇峰村下首	117.438	30.086	590	450	26.0	420	18	18	无
20150	银杏	Ginkgo biloba L.	银杏科银杏属	仙寓镇奇峰村汪家下首	117.438	30.086	596	460	28.0	440	14	14	无
20151	银杏	Ginkgo biloba L.	银杏科银杏属	仙寓镇奇峰村汪家下首	117.438	30.086	596	300	15.0	230	12	13	无
20152	黑壳楠	Lindera megaphylla Hemsl.	樟科山胡椒属	仙寓镇奇峰村罗家后山	117.429	30.083	300	480	16.0	320	16	16	无
20153	银杏	Ginkgo biloba L.	银杏科银杏属	仙寓镇奇峰村汪家下首	117.419	30.081	160	300	22.0	460	12	12	无
20154	黑壳楠	Lindera megaphylla Hemsl.	樟科山胡椒属	仙寓镇奇峰村汪屋下首	117.419	30.081	160	300	13.0	200	10	11	树干2m处中空
20155	圆柏	Juniperus chinensis L.	柏科刺柏属	仙寓镇奇峰村刘家后山	117.414	30.088	137	310	14.0	190	6	7	石坝上
20156	圆柏	Juniperus chinensis L.	柏科刺柏属	仙寓镇奇峰村刘家后山	117.414	30.088	153	310	12.0	153	5	5	无
20157	石楠	Photinia serratifolia (Desf.) Kalkman	蔷薇科石楠属	仙寓镇奇峰村刘家后山	117.414	30.088	143	310	10.0	123	6	7	立于石坝上
20158	枫杨	Pterocarya stenoptera C. DC.	胡桃科枫杨属	仙寓镇奇峰村汪边河河边	117.419	30.103	122	400	21.0	440	33	34	公路边

编号	树种	学名	科,属	地点	横坐标	纵坐标	海拔(m)	估测树龄(年)	树高(m)	胸围(cm)	冠幅(m) 东西	冠幅(m) 南北	特殊状况描述
20159	木犀	*Osmanthus fragrans* (Thunb.) Lour.	木犀科木犀属	仙寓镇南源村路边步石	117.423	30.118	114	320	8.0	210	4	5	无
20160	皂荚	*Gleditsia sinensis* Lam.	豆科皂荚属	仙寓镇南源村新村公路边	117.421	30.127	116	400	26.0	404	20	20	无
20161	樟	*Cinnamomum camphora* (L.) Presl	樟科樟属	仙寓镇南源村储家下首	117.42	30.122	127	300	16.0	280	15	15	树体偏冠
20162	苦槠	*Castanopsis sclerophylla* (Lindl.) Schottky	壳斗科栲属	仙寓镇芎坑村冯家后山	117.276	30.041	211	400	19.0	443	18	18	无
20163	苦槠	*Castanopsis sclerophylla* (Lindl.) Schottky	壳斗科栲属	仙寓镇芎坑村冯家后山	117.276	30.041	216	300	18.0	229	16	17	无
20164	黄连木	*Pistacia chinensis* Bunge	漆树科黄连木属	仙寓镇芎坑村四周庙	117.277	30.04	211	300	17.0	246	16	16	无
20165	木犀	*Osmanthus fragrans* (Thunb.) Lour.	木犀科木犀属	仙寓镇芎坑村四周庙	117.277	30.04	210	300	10.0	160	11	12	无
20166	银杏	*Ginkgo biloba* L.	银杏科银杏属	仙寓镇芎坑村下坡	117.287	30.041	190	400	19.0	370	20	20	树干1.5 m处分枝中空
20167	木犀	*Osmanthus fragrans* (Thunb.) Lour.	木犀科木犀属	仙寓镇大山村洪村小车田	117.365	30.035	382	300	13.0	280	16	13	1.3 m分枝，杆中空
20168	木犀	*Osmanthus fragrans* (Thunb.) Lour.	木犀科木犀属	仙寓镇大山村洪村小车田	117.365	30.035	382	300	10.0	260	13	11	1.3 m分枝，一杆半侧中空
20169	甜槠	*Castanopsis eyrei* (Champ. ex Benth.) Tutcher	壳斗科栲属	仙寓镇大山村李村村口	117.372	30.026	388	300	12.0	270	8	7	无
20170	甜槠	*Castanopsis eyrei* (Champ. ex Benth.) Tutcher	壳斗科栲属	仙寓镇大山村村口上首	117.373	30.026	388	300	12.0	314	12	13	树干2.5 m处分为2杆
20171	枫香树	*Liquidambar formosana* Hance	金缕梅科枫香属	仙寓镇大山村李村村口	117.374	30.026	380	300	29.0	294	7	7	无

编号	树种	学名	科.属	地点	横坐标	纵坐标	海拔 (m)	估测树龄 (年)	树高 (m)	胸围 (cm)	冠幅(m) 东西	冠幅(m) 南北	特殊状况描述
20172	枫香树	Liquidambar formosana Hance	金缕梅科枫香属	仙寓镇大山村李村村口	117.374	30.026	386	310	29.0	282	12	13	无
20173	黄连木	Pistacia chinensis Bunge	漆树科黄连木属	仙寓镇大山村李村村口	117.374	30.026	382	400	19.0	281	16	16	无
20174	黄连木	Pistacia chinensis Bunge	漆树科黄连木属	仙寓镇大山村李村村口	117.374	30.026	390	300	15.0	228	12	13	无
20175	枫香树	Liquidambar formosana Hance	金缕梅科枫香属	仙寓镇大山村吴家村口 (旗形)	117.376	30.023	330	400	22.0	440	16	16	无
20176	珊瑚朴	Celtis julianae C. K. Schneid. in Sarg.	榆科朴树属	仙寓镇大山村王村村口	117.368	30.024	354	300	20.0	240	19	19	无
20177	珊瑚朴	Celtis julianae C. K. Schneid. in Sarg.	榆科朴树属	仙寓镇大山村王村村口	117.368	30.025	326	400	10.0	350	6	6	半侧腐烂主杆风折
20178	石楠	Photinia serratifolia (Desf.) Kalkman	蔷薇科石楠属	仙寓镇大山村王村河边	117.373	30.025	300	320	9.0	198	8	9	无
20179	甜槠	Castanopsis eyrei (Champ. ex Benth.) Tutcher	壳斗科栲属	仙寓镇大山村来垅 (王村后山)	117.37	30.025	350	380	13.0	187	9	9	无
20180	甜槠	Castanopsis eyrei (Champ. ex Benth.) Tutcher	壳斗科栲属	仙寓镇大山村来垅 (王村后山)	117.37	30.024	340	400	17.0	274	12	13	无
20181	赤杨叶	Alniphyllum fortunei (Hemsl.) Makino	安息香科赤杨叶属	仙寓镇大山村来垅山	117.371	30.024	330	400	20.0	274	18	19	无
20182	甜槠	Castanopsis eyrei (Champ. ex Benth.) Tutcher	壳斗科栲属	仙寓镇大山村河边桥头	117.368	30.025	310	400	10.0	282	8	9	无
20183	银杏	Ginkgo biloba L.	银杏科银杏属	仙寓镇大山村汪家坞下首	117.35	30.049	160	400	27.0	404	15	16	无
20184	枫香树	Liquidambar formosana Hance	金缕梅科枫香属	仙寓镇大山村汪家坞	117.349	30.049	170	400	23.0	395	10	9	树梢枯死
20185	糙叶树	Aphananthe aspera (Thunb.) Planch.	榆科糙叶树属	仙寓镇大山村市里三组	117.351	30.049	160	310	19.0	283	15	16	无

编号	树种	学名	科、属	地点	横坐标	纵坐标	海拔 (m)	估测树龄 (年)	树高 (m)	胸围 (cm)	冠幅 (m) 东西	冠幅 (m) 南北	特殊状况描述
20186	银杏	Ginkgo biloba L.	银杏科银杏属	仙寓镇大山村铁坞里	117.349	30.055	160	300	22.0	280	19	20	基部有萌条约18 cm
20187	枫香树	Liquidambar formosana Hance	金缕梅科枫香属	仙寓镇大山村铁坞里	117.349	30.056	150	440	24.0	400	9	9	梢头约6 m已经枯死
20188	枫香树	Liquidambar formosana Hance	金缕梅科枫香属	仙寓镇大山村铁坞里	117.349	30.056	150	330	27.0	318	13	13	无
20189	枫香树	Liquidambar formosana Hance	金缕梅科枫香属	仙寓镇大山村铁坞里	117.349	30.056	150	430	27.0	320	10	11	无
20190	银杏	Ginkgo biloba L.	银杏科银杏属	仙寓镇大山村丁家后山	117.344	30.063	160	300	10.0	297	10	12	无
20191	圆柏	Juniperus chinensis L.	柏科刺柏属	仙寓镇竹溪村树果回屋后	117.304	30.064	220	310	8.0	248	5	5	基部人为刀砍损伤
20192	圆柏	Juniperus chinensis L.	柏科刺柏属	仙寓镇竹溪村王果红屋后	117.313	30.058	160	310	7.0	205	7	7	无
20193	圆柏	Juniperus chinensis L.	柏科刺柏属	仙寓镇竹溪村王果红屋后	117.313	30.059	170	310	10.0	236	6	7	无
20194	木犀	Osmanthus fragrans (Thunb.) Lour.	木犀科木犀属	仙寓镇河田村横店河边	117.329	30.049	160	300	9.0	256	10	10	立于河沿
20195	黄杨	Buxus sinica (Rehder et E. H. Wilson) M. Cheng	黄杨科黄杨属	仙寓镇河田村夏坑鱼塘边	117.321	30.066	170	350	6.0	68	6	6	河沿石坝上
20196	黄杨	Buxus sinica (Rehder et E. H. Wilson) M. Cheng	黄杨科黄杨属	仙寓镇河田村承前呈边	117.321	30.066	170	350	6.0	73	4	5	无
20197	黄杨	Buxus sinica (Rehder et E. H. Wilson) M. Cheng	黄杨科黄杨属	仙寓镇河田村夏村下首	117.322	30.066	160	350	7.0	65	5	5	无
20198	银杏	Ginkgo biloba L.	银杏科银杏属	仙寓镇河田村毛树墩	117.334	30.07	160	350	19.0	353	14	15	无
20199	罗汉松	Podocarpus macrophyllus (Thunb.) Sweet	罗汉松科罗汉松属	仙寓镇河田村前山(河下组)	117.339	30.07	150	310	7.0	180	6	6	无

编号	树种	学名	科、属	地点	横坐标	纵坐标	海拔(m)	估测树龄(年)	树高(m)	胸围(cm)	冠幅(m) 东西	冠幅(m) 南北	特殊状况描述
20200	银杏	Ginkgo biloba L.	银杏科银杏属	仙寓镇阿田田村前山（阿田下组）	117.339	30.07	140	360	12.0	340	7	7	无
20201	苦槠	Castanopsis sclerophylla (Lindl.) Schottky	壳斗科锥属	仙寓镇山溪村卢村后山	117.353	30.086	157	310	17.0	360	15	16	无
20202	黑壳楠	Lindera megaphylla Hemsl.	樟科山胡椒属	仙寓镇山溪村陈家下首（路下）	117.367	30.053	200	310	15.0	290	11	12	无
20203	枳椇	Hovenia acerba Lindl.	鼠李科枳椇属	仙寓镇山溪村陈家下首	117.367	30.053	200	310	22.0	275	17	18	无
20204	枫香树	Liquidambar formosana Hance	金缕梅科枫香属	仙寓镇山溪村再山河对面	117.365	30.07	150	310	34.0	422	16	15	树干2.5 m处分2杆
20205	细叶青冈	Quercus shennongii C. C. Huang et S. H. Fu	壳斗科栎属	仙寓镇大山村仙姑坟	117.281	30.003	870	310	14.0	196	7	7	无
20206	细叶青冈	Quercus shennongii C. C. Huang et S. H. Fu	壳斗科栎属	仙寓镇大山村仙姑坟	117.298	30.004	850	310	17.0	216	9	9	无
20207	细叶青冈	Quercus shennongii C. C. Huang et S. H. Fu	壳斗科栎属	仙寓镇大山村仙姑坟下	117.281	30.004	860	350	22.0	307	17	18	无
20208	榧树	Torreya grandis Fortune ex Lindl.	红豆杉科榧树属	仙寓镇大山村双坑阴边	117.311	30.01	540	310	8.0	234	7	8	根系裸露，砌埂培土
20209	糙叶树	Aphananthe aspera (Thunb.) Planch.	榆科糙叶树属	仙寓镇阿田田村古稀亭下	117.34	30.022	530	310	24.0	307	16	16	无
20210	银杏	Ginkgo biloba L.	银杏科银杏属	仙寓镇山溪村李铺河边（桥上）	117.36	30.078	120	300	20.0	256	10	10	无
20211	樟	Cinnamomum camphora (L.) Presl	樟科樟属	仙寓镇山溪村李铺河边（桥上）	117.362	30.078	120	350	21.0	522	30	27	无
20212	樟	Cinnamomum camphora (L.) Presl	樟科樟属	仙寓镇占坡村吴家桥	117.358	30.093	200	310	20.0	482	17	18	无
20213	苦槠	Castanopsis sclerophylla (Lindl.) Schottky	壳斗科栎属	仙寓镇占坡村施家边	117.364	30.088	140	380	14.0	310	10	14	无

编号	树种	学名	科、属	地点	横坐标	纵坐标	海拔(m)	估测树龄(年)	树高(m)	胸围(cm)	冠幅(m) 东西	冠幅(m) 南北	特殊状况描述
20214	枫香树	Liquidambar formosana Hance	金缕梅科枫香属	仙寓镇占坡村潘家屋后	117.383	30.105	130	360	23.0	455	18	18	无
20215	枫香树	Liquidambar formosana Hance	金缕梅科枫香属	仙寓镇占坡村石田后山	117.401	30.104	130	310	34.0	500	21	21	无
20216	银杏	Ginkgo biloba L.	银杏科银杏属	仙寓镇利源村七组下首	117.414	30.141	200	310	19.0	280	15	15	无
20217	樟	Cinnamomum camphora (L.) Presl	樟科樟属	仙寓镇利源村五组亭廊	117.416	30.141	130	400	27.0	400	7	7	无
20218	木犀	Osmanthus fragrans (Thunb.) Lour.	木犀科木犀属	仙寓镇莲花村平坑河对面	117.386	30.066	170	300	10.0	206	7	7	无
20219	苦槠	Castanopsis sclerophylla (Lindl.) Schottky	壳斗科锥属	仙寓镇莲花村姚家垄下首	117.398	30.056	290	400	20.0	375	9	9	无
20220	黄连木	Pistacia chinensis Bunge	槭树科黄连木属	仙寓镇莲花村长岭下首	117.4	30.053	330	470	23.0	334	16	16	基部被水泥地块包裹
20221	圆柏	Juniperus chinensis L.	柏科刺柏属	仙寓镇莲花村长岭下首	117.4	30.053	340	470	22.0	234	6	6	无
20222	枫香树	Liquidambar formosana Hance	金缕梅科枫香属	仙寓镇莲花村长岭上首	117.399	30.053	340	360	36.0	440	30	32	无
20223	枫香树	Liquidambar formosana Hance	金缕梅科枫香属	仙寓镇莲花村长岭上首	117.398	30.053	340	430	37.0	536	28	29	无
20224	银杏	Ginkgo biloba L.	银杏科银杏属	仙寓镇莲花村上龙弯	117.408	30.052	450	400	17.0	428	15	15	无
20225	糙叶树	Aphananthe aspera (Thunb.) Planch.	榆科糙叶树属	大演乡永福村杨家园	117.49	30.154	100	310	16.0	320	11	11	树梢枯死，一侧雷击中空
20226	樟	Cinnamomum camphora (L.) Presl	樟科樟属	大演乡永福村二组河边	117.49	30.154	100	310	21.0	608	26	25	树干偏
20227	糙叶树	Aphananthe aspera (Thunb.) Planch.	榆科糙叶树属	大演乡永福村二组河边	117.489	30.153	100	310	16.0	380	12	12	基部中空
20228	小叶青冈	Quercus myrsinifolia Blume	壳斗科栎属	大演乡新火村洪家段下首	117.489	30.121	120	350	17.0	380	13	15	树干顶梢枯死

编号	树种	学名	科、属	地点	横坐标	纵坐标	海拔(m)	估测树龄(年)	树高(m)	胸围(cm)	冠幅(m) 东西	冠幅(m) 南北	特殊状况描述
20229	三角枫	Acer buergerianum Miq.	槭树科槭属	大演乡新火村洪家段	117.489	30.121	120	300	10.0	248	8	8	树梢枯死
20230	黄连木	Pistacia chinensis Bunge	槭树科黄连木属	大演乡新火村邵背后	117.489	30.119	120	310	11.0	180	9	9	无
20231	樟	Cinnamomum camphora (L.) Presl	樟科樟属	大演乡新火村下里坡（河边）	117.49	30.121	110	300	25.0	290	10	10	无
20232	枫香树	Liquidambar formosana Hance	金缕梅科枫香属	大演乡新农村唐家下首	117.487	30.106	120	310	31.0	362	22	18	无
20233	樟	Cinnamomum camphora (L.) Presl	樟科樟属	大演乡新农村唐家下首	117.487	30.106	130	300	24.0	345	17	16	无
20234	银杏	Ginkgo biloba L.	银杏科银杏属	大演乡新农村唐家下首	117.487	30.105	130	450	29.0	360	11	8	树干基部出现少许枯死
20235	樟	Cinnamomum camphora (L.) Presl	樟科樟属	大演乡新农村合水坑下首	117.489	30.098	140	400	34.0	650	34	32	无
20236	枫杨	Pterocarya stenoptera C. DC.	胡桃科枫杨属	大演乡新农村合水坑下首	117.489	30.098	140	400	22.0	720	30	26	无
20237	樟	Cinnamomum camphora (L.) Presl	樟科樟属	大演乡新农村合水坑下首	117.489	30.098	140	400	36.0	540	30	28	无
20238	糙叶树	Aphananthe aspera (Thunb.) Planch.	榆科糙叶树属	大演乡新农村合水坑河边	117.488	30.097	140	310	19.0	320	15	15	建议砌护坝
20239	银杏	Ginkgo biloba L.	银杏科银杏属	大演乡新农村孙家上首	117.491	30.109	140	300	17.0	260	11	12	树干中空
20240	樟	Cinnamomum camphora (L.) Presl	樟科樟属	大演乡新农村孙家下首	117.491	30.111	130	400	13.0	420	14	15	立于沟沟坝，基部半边枯死
20241	樟	Cinnamomum camphora (L.) Presl	樟科樟属	大演乡新农村孙家下首	117.491	30.111	130	400	27.0	610	26	34	树干2.2 m处分杈
20242	樟	Cinnamomum camphora (L.) Presl	樟科樟属	大演乡新农村孙家下首	117.491	30.111	130	300	18.0	258	19	24	无
20243	樟	Cinnamomum camphora (L.) Presl	樟科樟属	大演乡新农村孙家下首	117.491	30.111	140	400	20.0	370	28	33	无

编号	树种	学名	科属	地点	横坐标	纵坐标	海拔(m)	估测树龄(年)	树高(m)	胸围(cm)	冠幅(m)东西	冠幅(m)南北	特殊状况描述
20244	樟	Cinnamomum camphora (L.) Presl	樟科樟属	大演乡新农村孙家下首	117.491	30.111	120	400	15.0	340	22	27	无
20245	樟	Cinnamomum camphora (L.) Presl	樟科樟属	大演乡新农村孙家下首	117.491	30.111	130	300	19.0	270	16	18	无
20246	樟	Cinnamomum camphora (L.) Presl	樟科樟属	大演乡新农村孙家下首	117.492	30.111	140	320	24.0	340	16	19	无
20247	苦槠	Castanopsis sclerophylla (Lindl.) Schottky	壳斗科栲属	大演乡新农村坳头组下首	117.492	30.093	200	300	16.0	298	9	9	无
20248	苦槠	Castanopsis sclerophylla (Lindl.) Schottky	壳斗科栲属	大演乡新农村坳头组	117.492	30.093	220	300	13.0	265	12	12	无
20249	紫楠	Phoebe sheareri (Hemsl.) Gamble in C. S. Sargent	樟科楠属	大演乡新农村坳头组下首	117.492	30.093	210	300	26.0	204	10	11	无
20250	枫香树	Liquidambar formosana Hance	金缕梅科枫香属	大演乡新农村坳头组下首	117.492	30.093	210	360	33.0	382	15	15	无
20251	枫香树	Liquidambar formosana Hance	金缕梅科枫香属	大演乡新农村坳头组下首	117.492	30.093	210	300	32.0	325	18	14	无
20252	枫香树	Liquidambar formosana Hance	金缕梅科枫香属	大演乡新农村坳头组下首	117.492	30.093	210	300	31.0	377	15	15	无
20253	樟	Cinnamomum camphora (L.) Presl	樟科樟属	大演乡新农村严家下首	117.481	30.093	159	410	35.0	422	25	36	无
20254	樟	Cinnamomum camphora (L.) Presl	樟科樟属	大演乡新农村严家下首	117.481	30.093	144	390	37.0	330	27	35	无
20255	樟	Cinnamomum camphora (L.) Presl	樟科樟属	大演乡新农村严家下首	117.481	30.094	140	300	32.0	350	15	15	无
20256	樟	Cinnamomum camphora (L.) Presl	樟科樟属	大演乡新农村严家后背	117.481	30.094	160	380	24.0	320	24	17	无

编号	树种	学名	科、属	地点	横坐标	纵坐标	海拔(m)	估测树龄(年)	树高(m)	胸围(cm)	冠幅(m) 东西	冠幅(m) 南北	特殊状况描述
20257	樟	Cinnamomum camphora (L.) Presl	樟科樟属	大演乡新农村村姚坑组下首	117.491	30.102	150	300	19.0	336	20	20	无
20258	樟	Cinnamomum camphora (L.) Presl	樟科樟属	大演乡新农村村姚坑组下首	117.49	30.102	150	320	17.0	365	14	15	无
20259	樟	Cinnamomum camphora (L.) Presl	樟科樟属	大演乡新农村姚坑组下首	117.49	30.102	150	320	18.0	427	18	17	无
20260	糙叶树	Aphananthe aspera (Thunb.) Planch.	榆科糙叶树属	大演乡新农村合山组	117.481	30.086	270	300	17.0	276	11	12	无
20261	朴树	Celtis sinensis Pers.	榆科朴树属	大演乡新农村小土地庙	117.479	30.086	290	400	30.0	410	23	24	无
20262	枫香树	Liquidambar formosana Hance	金缕梅科枫香属	大演乡剡溪村秧田组下首	117.452	30.155	180	300	27.0	370	14	15	无
20263	枫香树	Liquidambar formosana Hance	金缕梅科枫香属	大演乡剡溪村秧田组下首	117.453	30.155	180	300	25.0	370	15	18	无
20264	枫香树	Liquidambar formosana Hance	金缕梅科枫香属	大演乡剡溪村秧田组下首	117.452	30.155	180	300	24.0	420	17	16	无
20265	圆柏	Juniperus chinensis L.	柏科刺柏属	大演乡剡溪村秧田坞	117.45	30.158	220	450	13.0	266	7	6	基部空洞,梢枯死
20266	樟	Cinnamomum camphora (L.) Presl	樟科樟属	大演乡剡溪村秧田坞	117.451	30.158	220	300	14.0	325	19	20	无
20267	枫香树	Liquidambar formosana Hance	金缕梅科枫香属	大演乡剡溪村盛家村下首	117.451	30.157	230	300	21.0	343	22	23	无
20268	银杏	Ginkgo biloba L.	银杏科银杏属	大演乡剡溪村学校背后	117.473	30.146	100	350	25.0	770	20	22	基部萌生7株
20269	樟	Cinnamomum camphora (L.) Presl	樟科樟属	大演乡剡溪村小剡路口	117.484	30.138	100	310	21.0	310	16	20	基部分杈
20270	青檀	Pteroceltis tatarinowii Maxim.	榆科青檀属	大演乡新联村白三孙家	117.518	30.085	280	400	14.0	490	15	15	无

编号	树种	学名	科、属	地点	横坐标	纵坐标	海拔(m)	估测树龄(年)	树高(m)	胸围(cm)	冠幅(m)东西	冠幅(m)南北	特殊状况描述
20271	银杏	Ginkgo biloba L.	银杏科银杏属	大演乡新联村孙家	117.518	30.085	290	310	15.0	260	11	12	无
20272	樟	Cinnamomum camphora (L.) Presl	樟科樟属	大演乡新联村白三组村里	117.518	30.088	260	400	20.0	1000	17	18	基部半侧中空偏冠
20273	樟	Cinnamomum camphora (L.) Presl	樟科樟属	大演乡新联村文孝庙	117.514	30.09	210	300	15.0	275	13	14	一杆3杈，一枝枯死,偏冠
20274	枫香树	Liquidambar formosana Hance	金缕梅科枫香属	大演乡新联村文孝庙	117.514	30.09	210	420	27.0	380	16	17	树梢枯死
20275	糙叶树	Aphananthe aspera (Thunb.) Planch.	榆科糙叶树属	大演乡新联村文孝庙	117.514	30.09	210	410	19.0	290	18	20	无
20276	苦槠	Castanopsis sclerophylla (Lindl.) Schottky	壳斗科栲属	大演乡新联村文孝庙下首	117.514	30.09	210	410	8.0	300	6	6	树干中空,顶梢枯死
20277	苦槠	Castanopsis sclerophylla (Lindl.) Schottky	壳斗科栲属	大演乡新联村庄门	117.514	30.111	130	360	12.0	295	7	8	无
20278	苦槠	Castanopsis sclerophylla (Lindl.) Schottky	壳斗科栲属	大演乡新联村庄门	117.514	30.111	140	360	13.0	318	12	12	无
20279	圆柏	Juniperus chinensis L.	柏科刺柏属	大演乡新唐村亭堂(金家)	117.522	30.181	80	300	8.0	150	6	6	无
20280	樟	Cinnamomum camphora (L.) Presl	樟科樟属	大演乡青联村沈家坡	117.527	30.151	70	310	20.0	345	15	16	无
20281	麻栎	Quercus acutissima Carruth.	壳斗科栎属	大演乡青联村五房	117.53	30.156	80	310	33.0	410	30	32	无
20282	朴树	Celtis sinensis Pers.	榆科朴树属	大演乡青联村吴家村(四青九组)	117.556	30.159	417	400	32.0	370	27	27	5 m处分杈
20283	黑壳楠	Lindera megaphylla Hemsl.	樟科山胡椒属	大演乡青联村吴家村(四青九组)	117.557	30.159	418	400	14.0	330	11	12	2 m处分杈
20284	麻栎	Quercus acutissima Carruth.	壳斗科栎属	大演乡青联村大坟棵	117.558	30.159	420	400	36.0	415	22	23	无
20285	麻栎	Quercus acutissima Carruth.	壳斗科栎属	大演乡青联村大坟棵	117.558	30.158	440	400	34.0	422	15	17	无

编号	树种	学名	科、属	地点	横坐标	纵坐标	海拔(m)	估测树龄(年)	树高(m)	胸围(cm)	冠幅(m) 东西	冠幅(m) 南北	特殊状况描述
20286	枫香树	Liquidambar formosana Hance	金缕梅科枫香属	大演乡青联村大坟棵	117.558	30.159	440	400	27.0	346	15	16	无
20287	麻栎	Quercus acutissima Carruth.	壳斗科麻栎属	大演乡青联村大坟棵	117.558	30.159	450	400	35.0	423	16	17	无
20288	麻栎	Quercus acutissima Carruth.	壳斗科麻栎属	大演乡青联村大坟棵	117.559	30.159	450	400	34.0	363	20	20	无
20289	银杏	Ginkgo biloba L.	银杏科银杏属	大演乡青联村杨家村	117.559	30.155	440	300	16.0	255	13	13	无
20290	银杏	Ginkgo biloba L.	银杏科银杏属	大演乡青联村杨家村	117.559	30.155	430	300	20.0	260	15	15	无
20291	黑壳楠	Lindera megaphylla Hemsl.	樟科山胡椒属	大演乡青联村杨家村	117.559	30.155	420	300	13.0	300	9	9	无
20292	石楠	Photinia serratifolia (Desf.) Kalkman	蔷薇科石楠属	大演乡青联村杨家村下首	117.558	30.155	400	310	8.0	175	7	8	基部枯死
20293	苦槠	Castanopsis sclerophylla (Lindl.) Schottky	壳斗科栲属	大演乡青联村杨家村村口	117.557	30.156	400	400	12.0	300	11	12	树干中空
20294	苦槠	Castanopsis sclerophylla (Lindl.) Schottky	壳斗科栲属	大演乡青联村杨家村村口	117.557	30.156	400	400	12.0	300	11	12	无
20295	苦槠	Castanopsis sclerophylla (Lindl.) Schottky	壳斗科栲属	大演乡青联村杨家村村口	117.557	30.156	400	400	14.0	206	7	12	无
20296	皂荚	Gleditsia sinensis Lam.	豆科皂荚属	横渡镇兰关村里屋前山	117.671	30.219	240	300	6.0	202	4	8	无
20297	榧树	Torreya grandis Fortune ex Lindl.	红豆杉科榧树属	横渡镇兰关村里屋前山	117.671	30.218	248	300	16.0	302	18	18	基部分杈双杆
20298	榧树	Torreya grandis Fortune ex Lindl.	红豆杉科榧树属	横渡镇兰关村里屋前山	117.671	30.218	245	300	9.0	236	11	12	有雷击痕，1 m处分杈
20299	榧树	Torreya grandis Fortune ex Lindl.	红豆杉科榧树属	横渡镇兰关村五形店	117.671	30.221	255	400	14.0	275	14	14	无
20300	银杏	Ginkgo biloba L.	银杏科银杏属	横渡镇兰关村里屋	117.671	30.219	230	400	8.0	187	7	6	树为支杆
20301	榧树	Torreya grandis Fortune ex Lindl.	红豆杉科榧树属	横渡镇兰关村里屋后山	117.67	30.219	270	400	13.0	181	7	7	无

编号	树种	学名	科、属	地点	横坐标	纵坐标	海拔(m)	估测树龄(年)	树高(m)	胸围(cm)	冠幅(m) 东西	冠幅(m) 南北	特殊状况描述
20302	青冈	Cyclobalanopsis glauca (Thunb.) Oerst.	壳斗科青冈属	横渡镇兰关村来龙山	117.669	30.217	260	420	13.0	368	12	13	无
20303	榧树	Torreya grandis Fortune ex Lindl.	红豆杉科榧树属	横渡镇兰关村外屋后山	117.667	30.217	280	400	19.0	364	16	15	无
20304	银杏	Ginkgo biloba L.	银杏科银杏属	横渡镇兰关村梅树下	117.666	30.217	266	410	10.0	275	10	11	无
20305	榧树	Torreya grandis Fortune ex Lindl.	红豆杉科榧树属	横渡镇兰关村面前垄雀嘴	117.669	30.216	250	410	17.0	251	6	6	无
20306	苦槠	Castanopsis sclerophylla (Lindl.) Schottky	壳斗科栲属	横渡镇兰关村庙下湾	117.667	30.209	230	400	11.0	434	14	13	树干中空
20307	榧树	Torreya grandis Fortune ex Lindl.	红豆杉科榧树属	横渡镇兰关村庙下湾	117.667	30.208	225	410	8.0	184	4	4	树干一侧枯死
20308	榧树	Torreya grandis Fortune ex Lindl.	红豆杉科榧树属	横渡镇兰关村排下	117.668	30.206	210	400	12.0	343	11	12	树干主体中空,1.5 m处分权
20309	榧树	Torreya grandis Fortune ex Lindl.	红豆杉科榧树属	横渡镇兰关村石银坑口	117.667	30.206	220	310	9.0	210	9	8	树干一侧空洞,1.4 m处分权
20310	圆柏	Juniperus chinensis L.	柏科刺柏属	横渡镇兰关村祠堂背后	117.668	30.205	210	310	6.0	158	4	4	无
20311	黄檀	Dalbergia hupeana Hance	豆科黄檀属	横渡镇兰关村金子山	117.668	30.203	200	310	14.0	285	7	7	无
20312	圆柏	Juniperus chinensis L.	柏科刺柏属	横渡镇兰关村余家田(胡下)	117.671	30.202	210	300	15.0	193	6	3	树干基部人为砍伤
20313	榧树	Torreya grandis Fortune ex Lindl.	红豆杉科榧树属	横渡镇兰关村余家田(胡下)	117.671	30.202	200	400	17.0	308	11	13	无
20314	银杏	Ginkgo biloba L.	银杏科银杏属	横渡镇兰关村毛屋	117.677	30.173	150	310	15.0	715	13	14	无
20315	麻栎	Quercus acutissima Carruth.	壳斗科麻栎属	横渡镇兰关村小河岗	117.667	30.166	130	310	16.0	340	18	14	基部空洞,人为火烧
20316	麻栎	Quercus acutissima Carruth.	壳斗科麻栎属	横渡镇兰关村前山山脚	117.665	30.161	130	300	19.0	360	15	20	无

编号	树种	学名	科、属	地点	横坐标	纵坐标	海拔(m)	估测树龄(年)	树高(m)	胸围(cm)	冠幅(m)东西	冠幅(m)南北	特殊状况描述
20317	银杏	Ginkgo biloba L.	银杏科银杏属	横渡镇兰关村新屋背后	117.657	30.156	110	410	21.0	444	16	16	无
20318	圆柏	Juniperus chinensis L.	柏科刺柏属	横渡镇鸿陵村林家湾	117.618	30.144	90	400	13.0	390	9	7	河沟边
20319	苦槠	Castanopsis sclerophylla (Lindl.) Schottky	壳斗科椎属	横渡镇鸿陵村石林路边	117.6	30.161	95	400	10.0	376	10	9	一侧腐烂，主干断，偏冠
20320	银杏	Ginkgo biloba L.	银杏科银杏属	横渡镇鸿陵村沙睦路边	117.586	30.141	90	410	17.0	406	16	16	无
20321	银杏	Ginkgo biloba L.	银杏科银杏属	横渡镇鸿陵村顶家下首	117.577	30.14	100	410	27.0	358	24	18	7 m处分杈，双杆
20322	青檀	Pteroceltis tatarinowii Maxim.	榆科青檀属	横渡镇横渡村钓鱼台	117.588	30.169	77	310	13.0	270	12	12	基部分3杈
20323	麻栎	Quercus acutissima Carruth.	壳斗科麻栎属	横渡镇横渡村广平下首	117.56	30.186	65	400	23.0	383	18	26	无
20324	银杏	Ginkgo biloba L.	银杏科银杏属	横渡镇横渡村施村中畈	117.573	30.181	65	400	12.0	378	15	15	树梢有雷击痕
20325	银杏	Ginkgo biloba L.	银杏科银杏属	横渡镇历渡村上井坑	117.65	30.193	210	400	17.0	354	13	12	河沟边
20326	枫香树	Liquidambar formosana Hance	金缕梅科枫香属	横渡镇历渡村枫树林	117.647	30.191	190	310	22.0	310	13	13	小石桥边
20327	枫香树	Liquidambar formosana Hance	金缕梅科枫香属	横渡镇历渡村阳边	117.645	30.191	190	310	22.0	353	13	13	长势较好
20328	青檀	Pteroceltis tatarinowii Maxim.	榆科青檀属	横渡镇历渡村土地庙（汪家下首）	117.636	30.191	170	400	14.0	341	9	15	1.7 m处分杈，一杆向河边倾斜
20329	木犀	Osmanthus fragrans (Thunb.) Lour.	木犀科木犀属	横渡镇历渡村隔上河边	117.631	30.198	170	300	7.0	180	6	9	石坝上
20330	苦槠	Castanopsis sclerophylla (Lindl.) Schottky	壳斗科椎属	横渡镇历渡村杜家田后山	117.628	30.192	190	300	15.0	290	10	10	无
20331	苦槠	Castanopsis sclerophylla (Lindl.) Schottky	壳斗科椎属	横渡镇历渡村杜家田后山	117.628	30.192	190	300	15.0	275	13	14	无

编号	树种	学名	科、属	地点	横坐标	纵坐标	海拔(m)	估测树龄(年)	树高(m)	胸围(cm)	冠幅(m) 东西	冠幅(m) 南北	特殊状况描述
20332	苦槠	Castanopsis sclerophylla (Lindl.) Schottky	壳斗科栲属	横渡镇历坝村村后山	117.628	30.192	180	300	14.0	260	9	9	树干一侧枯死
20333	苦槠	Castanopsis sclerophylla (Lindl.) Schottky	壳斗科栲属	横渡镇历坝村村后山	117.628	30.228	190	300	10.0	284	5	6	梢头枯死
20334	麻栎	Quercus acutissima Carruth.	壳斗科麻栎属	横渡镇历坝村村后山	117.627	30.192	170	310	23.0	290	9	9	无
20335	麻栎	Quercus acutissima Carruth.	壳斗科麻栎属	横渡镇历坝村村下首	117.619	30.189	136	310	27.0	420	19	20	4.7 m处分双杆
20336	黄连木	Pistacia chinensis Bunge	漆树科黄连木属	横渡镇香口村小学前	117.517	30.193	60	310	23.0	350	14	14	根部需培土保护
20337	黄连木	Pistacia chinensis Bunge	漆树科黄连木属	横渡镇河西村石桥步下首(河边)	117.529	30.191	80	310	23.0	310	13	13	紧挨大河边
20338	糙叶树	Aphananthe aspera (Thunb.) Planch.	榆科糙叶树属	横渡镇河西村石桥步下首(路上)	117.53	30.191	85	310	12.0	257	9	11	生长在石壁上
20339	圆柏	Juniperus chinensis L.	柏科刺柏属	横渡镇河西村狮子嘴	117.633	30.221	560	300	9.0	140	5	6	生长于石头之上
20340	枫杨	Pterocarya stenoptera C. DC.	胡桃科枫杨属	横渡镇河西村桃花培	117.637	30.226	510	300	19.0	653	48	34	冠形较大
20341	椎树	Torreya grandis Fortune ex Lindl.	红豆杉科椎树属	横渡镇河西村桃花培	117.638	30.225	520	310	12.0	317	13	13	冠形大,石坝一侧裸根
20342	椎树	Torreya grandis Fortune ex Lindl.	红豆杉科椎树属	横渡镇河西村桃花培	117.638	30.224	540	310	9.0	249	9	7	主干少许枯腐
20343	银杏	Ginkgo biloba L.	银杏科银杏属	横渡镇河西村狮马岭脚	117.627	30.217	260	380	17.0	393	15	16	良好
20344	苦槠	Castanopsis sclerophylla (Lindl.) Schottky	壳斗科栲属	横渡镇河西村方木坑汪家下首	117.607	30.217	160	310	13.0	298	13	14	无
20345	银杏	Ginkgo biloba L.	银杏科银杏属	仁里镇三增村排下	117.395	30.204	113	380	19.0	305	16	14	无
20346	槐树	Sophora japonica L.	豆科槐属	仁里镇永丰村黎明下首	117.44	30.196	90	310	12.0	228	16	13	偏冠

编号	树种	学名	科属	地点	横坐标	纵坐标	海拔(m)	估测树龄(年)	树高(m)	胸围(cm)	冠幅(m) 东西	冠幅(m) 南北	特殊状况描述
20347	圆柏	Juniperus chinensis L.	柏科刺柏属	仁里镇永丰村黎明下首	117.44	30.196	90	310	13.0	153	5	5	2 m处分杈，一杆梢头枯死
20348	圆柏	Juniperus chinensis L.	柏科刺柏属	仁里镇永丰村黎明下首	117.44	30.196	90	310	11.0	140	4	5	树干倾斜
20349	木犀	Osmanthus fragrans (Thunb.) Lour.	木犀科木犀属	仁里镇永丰村黎明下首	117.44	30.196	90	310	7.0	194	8	7	基部0.6 m处分3杈
20350	圆柏	Juniperus chinensis L.	柏科刺柏属	仁里镇永丰村村中畈	117.438	30.203	80	310	9.0	175	5	6	无
20351	银杏	Ginkgo biloba L.	银杏科银杏属	仁里镇杏溪村古石桥（公路边）	117.436	30.212	70	400	22.0	438	25	21	长势较好
20352	苦槠	Castanopsis sclerophylla (Lindl.) Schottky	壳斗科栲属	仁里镇缘溪村缘溪路边	117.508	30.228	80	410	15.0	449	14	17	无
20353	枫香树	Liquidambar formosana Hance	金缕梅科枫香属	仁里镇缘溪村渔塘后山	117.516	30.25	120	300	28.0	530	17	13	1.5 m处分双杆
20354	圆柏	Juniperus chinensis L.	柏科刺柏属	仁里镇杜村村马力坑桥边	117.543	30.22	100	400	16.0	228	9	7	4 m处分3杈，河沟边
20355	黄连木	Pistacia chinensis Bunge	漆树科黄连木属	仁里镇杜村村马力坑桥边	117.542	30.22	100	300	20.0	270	16	17	3 m处分叉
20356	圆柏	Juniperus chinensis L.	柏科刺柏属	仁里镇高宝村张南坑下首	117.639	30.258	200	310	15.0	250	5	5	1.5 m处分杈，一杆死亡
20357	银杏	Ginkgo biloba L.	银杏科银杏属	仁里镇高宝村曹垄	117.617	30.249	200	400	17.0	412	23	23	无
20358	石楠	Photinia serratifolia (Desf.) Kalkman	蔷薇科石楠属	仁里镇高宝村五昌庙	117.631	30.279	480	310	11.0	249	12	10	无
20359	石楠	Photinia serratifolia (Desf.) Kalkman	蔷薇科石楠属	仁里镇高宝村杜屋塘	117.615	30.27	490	400	11.0	249	13	13	无
20360	石楠	Photinia serratifolia (Desf.) Kalkman	蔷薇科石楠属	仁里镇高宝村杜屋塘	117.615	30.27	490	400	12.0	183	14	11	无

编号	树种	学名	科、属	地点	横坐标	纵坐标	海拔(m)	估测树龄(年)	树高(m)	胸围(cm)	冠幅(m) 东西	冠幅(m) 南北	特殊状况描述
20361	石楠	Photinia serratifolia (Desf.) Kalkman	蔷薇科石楠属	仁里镇高宝村社屋塘	117.615	30.27	490	400	12.0	185	10	10	高2.5m处有空洞
20362	石楠	Photinia serratifolia (Desf.) Kalkman	蔷薇科石楠属	仁里镇高宝村社屋塘村口	117.615	30.269	490	300	7.0	173	10	6	树干包裹生长其他树种
20363	黄连木	Pistacia chinensis Bunge	漆树科黄连木属	仁里镇高宝村塘半山	117.605	30.262	400	300	18.0	340	16	18	基部有空洞
20364	木犀	Osmanthus fragrans (Thunb.) Lour.	木犀科木犀属	仁里镇贡溪村张家祠堂背后	117.56	30.221	390	310	8.0	199	6	5	2.3m处分枝
20365	皂荚	Gleditsia sinensis Lam.	豆科皂荚属	仁里镇贡溪村张家	117.559	30.22	400	310	22.0	369	22	25	无
20366	麻栎	Quercus acutissima Carruth.	壳斗科麻栎属	仁里镇贡溪村张家村口	117.559	30.221	420	400	23.0	418	22	23	树中包裹一桂花树
20367	榔榆	Ulmus parvifolia Jacq.	榆科榆属	仁里镇同心村林业遇壁岩	117.477	30.251	280	360	15.0	255	6	8	主干枯死,5m处一枝丫存活
20368	朴树	Celtis sinensis Pers.	榆科朴树属	仁里镇同心村林业遇壁岩	117.477	30.251	280	410	28.0	260	13	12	无
20369	青冈	Cyclobalanopsis glauca (Thunb.) Oerst.	壳斗科青冈属	仁里镇同心村林业遇壁岩	117.477	30.251	280	310	17.0	220	10	14	石壁上
20370	青檀	Pteroceltis tatarinowii Maxim.	榆科青檀属	仁里镇同心村唐家坞口	117.477	30.248	290	360	17.0	290	12	10	根部空洞,量石坝
20371	麻栎	Quercus acutissima Carruth.	壳斗科麻栎属	仁里镇同心村口竹园上	117.478	30.248	300	300	29.0	316	16	20	有雷古痕
20372	朴树	Celtis sinensis Pers.	榆科朴树属	小河镇莘田村河坡(杨桥村)	117.241	30.213	48	400	8.0	370	10	8	雷击后树干半侧枯腐
20373	皂荚	Gleditsia sinensis Lam.	豆科皂荚属	小河镇莘田村下街路边	117.252	30.211	40	360	5.0	366	5	5	树干中空
20374	黄连木	Pistacia chinensis Bunge	漆树科黄连木属	小河镇来田村下坦	117.223	30.243	90	310	20.0	307	18	17	砌坝后基部被埋1.3m

编号	树种	学名	科、属	地点	横坐标	纵坐标	海拔 (m)	估测树龄 (年)	树高 (m)	胸围 (cm)	冠幅 (m) 东西	冠幅 (m) 南北	特殊状况描述
20375	黄连木	Pistacia chinensis Bunge	漆树科黄连木属	小河镇来田村上坦	117.223	30.243	80	310	19.0	280	13	13	树干基部有连天树1株
20376	苦槠	Castanopsis sclerophylla (Lindl.) Schottky	壳斗科栲属	小河镇来田村枫山	117.233	30.244	70	300	8.0	440	6	6	无
20377	青冈	Cyclobalanopsis glauca (Thunb.) Oerst.	壳斗科青冈属	小河镇栗阴村大王庙	117.391	30.271	430	300	15.0	304	10	10	树干中空
20378	青冈	Cyclobalanopsis glauca (Thunb.) Oerst.	壳斗科青冈属	小河镇栗阴村大王庙	117.391	30.271	400	300	18.0	264	7	7	无
20379	马尾松	Pinus massoniana Lamb.	松科松属	小河镇梓丰村枫树包	117.294	30.297	160	400	22.0	288	10	11	无
20380	马尾松	Pinus massoniana Lamb.	松科松属	小河镇梓丰村枫树包	117.293	30.298	160	400	23.0	242	6	6	死亡
20381	马尾松	Pinus massoniana Lamb.	松科松属	小河镇梓丰村枫树包	117.293	30.298	170	400	18.0	302	6	6	死亡
20382	马尾松	Pinus massoniana Lamb.	松科松属	小河镇梓丰村枫树包	117.293	30.264	180	400	16.0	284	8	5	死亡
20383	马尾松	Pinus massoniana Lamb.	松科松属	小河镇梓丰村枫树包	117.293	30.298	170	400	17.0	258	6	9	死亡
20384	马尾松	Pinus massoniana Lamb.	松科松属	小河镇梓丰村枫树包	117.293	30.298	180	400	19.0	273	7	7	死亡
20385	圆柏	Juniperus chinensis L.	柏科刺柏属	小河镇梓丰村芦塘村口	117.281	30.302	250	330	12.0	214	5	5	无
20386	皂荚	Gleditsia sinensis Lam.	豆科皂荚属	小河镇梓丰村里叶村	117.286	30.296	160	310	7.0	280	2	2	生长在石缝中
20387	苦槠	Castanopsis sclerophylla (Lindl.) Schottky	壳斗科栲属	小河镇樟村村来龙山	117.296	30.261	80	400	9.0	368	7	7	无
20388	枫香树	Liquidambar formosana Hance	金缕梅科枫香属	小河镇樟村村来龙山山脚	117.297	30.261	80	310	27.0	330	10	10	无
20389	圆柏	Juniperus chinensis L.	柏科刺柏属	小河镇樟村村老派出所	117.299	30.259	75	300	11.0	234	5	7	无
20390	黄连木	Pistacia chinensis Bunge	漆树科黄连木属	小河镇尧田村后田畈	117.285	30.218	50	300	18.0	340	19	19	无
20391	枫香树	Liquidambar formosana Hance	金缕梅科枫香属	小河镇栗阴村柳树	117.344	30.284	103	360	26.0	463	10	10	无
20392	圆柏	Juniperus chinensis L.	柏科刺柏属	小河镇郑村村亭子边	117.321	30.238	90	310	12.0	217	5	5	无

编号	树种	学名	科,属	地点	横坐标	纵坐标	海拔(m)	估测树龄(年)	树高(m)	胸围(cm)	冠幅(m) 东西	冠幅(m) 南北	特殊状况描述
20393	圆柏	Juniperus chinensis L.	柏科刺柏属	小河镇郑村村亭子边	117.321	30.238	90	310	14.0	210	6	6	无
20394	枫香树	Liquidambar formosana Hance	金缕梅科枫香属	小河镇安元村汪山后山	117.359	30.252	258	310	30.0	430	28	28	无
20395	黄连木	Pistacia chinensis Bunge	漆树科黄连木属	小河镇安元村铁炉塘村口	117.373	30.239	270	310	13.0	322	10	10	无
20396	黄连木	Pistacia chinensis Bunge	漆树科黄连木属	小河镇安元村铁炉塘村口	117.373	30.239	270	300	12.0	270	10	10	无
20397	苦槠	Castanopsis sclerophylla (Lindl.) Schottky	壳斗科栲属	丁香镇梓桐村白岭后山	117.381	30.196	198	310	13.0	392	9	9	根部有白蚁侵袭
20398	木犀	Osmanthus fragrans (Thunb.) Lour.	木犀科木犀属	丁香镇梓桐村汪家头	117.37	30.188	300	300	10.0	207	10	11	1.3 m以上分杈
20399	银杏	Ginkgo biloba L.	银杏科银杏属	丁香镇梓桐村汪家头	117.369	30.188	310	300	17.0	423	19	19	一兜双杆,根部被河水冲刷
20400	黄连木	Pistacia chinensis Bunge	漆树科黄连木属	丁香镇梓桐村门坞	117.356	30.189	260	300	16.0	305	12	13	无
20401	枫香树	Liquidambar formosana Hance	金缕梅科枫香属	丁香镇华桥村坞里湖	117.353	30.217	140	360	30.0	348	22	22	无
20402	槐树	Sophora japonica L.	豆科槐属	丁香镇华桥村上村	117.336	30.197	100	400	15.0	482	8	15	3 m处风折断裂伤
20403	皂荚	Gleditsia sinensis Lam.	豆科皂荚属	丁香镇梓桐村上树茂塘	117.384	30.24	450	310	8.0	345	11	12	树干基部空洞
20404	麻栎	Quercus acutissima Carruth.	壳斗科麻栎属	丁香镇梓桐村梓园村后	117.372	30.233	260	310	18.0	407	23	17	无
20405	麻栎	Quercus acutissima Carruth.	壳斗科麻栎属	丁香镇梓桐村大庙边	117.371	30.231	230	400	19.0	503	27	19	无
20406	银杏	Ginktgo biloba L.	银杏科银杏属	丁香镇林茶村新岭岭头	117.331	30.108	750	310	10.0	590	7	9	一兜三杆,一主杆腐烂

编号	树种	学名	科、属	地点	横坐标	纵坐标	海拔(m)	估测树龄(年)	树高(m)	胸围(cm)	冠幅(m)		特殊状况描述
											东西	南北	
20407	枫香树	Liquidambar formosana Hance	金缕梅科枫香属	丁香镇西柏村胡西脚	117.322	30.151	260	300	26.0	410	20	20	树干倾斜
20408	枫香树	Liquidambar formosana Hance	金缕梅科枫香属	丁香镇西柏村胡西脚	117.322	30.151	260	300	20.0	375	11	13	无
20409	银杏	Ginkgo biloba L.	银杏科银杏属	丁香镇西柏村柏山五昌庙	117.352	30.166	110	300	17.0	355	14	23	有雷击伤
20410	苦槠	Castanopsis sclerophylla (Lindl.) Schottky	壳斗科栲属	矶滩乡塔坑村老政府院外	117.473	30.327	32	410	19.0	380	17	15	无
20411	圆柏	Juniperus chinensis L.	柏科刺柏属	矶滩乡塔坑村土地庙边	117.386	30.29	86	380	15.0	260	10	5	分权偏冠
20412	朴树	Celtis sinensis Pers.	榆科朴树属	矶滩乡塔坑村谷雨尖山脚	117.395	30.291	79	400	34.0	435	15	15	无
20413	苦槠	Castanopsis sclerophylla (Lindl.) Schottky	壳斗科栲属	矶滩乡塔坑村邹文良屋后	117.403	30.292	83	310	12.0	242	13	7	无
20414	苦槠	Castanopsis sclerophylla (Lindl.) Schottky	壳斗科栲属	矶滩乡洪墩村岭头	117.426	30.282	100	400	8.0	430	5	5	树干半边枯死

表1.4 石台县三级古树汇总表

编号	树种	学名	科、属	地点	横坐标	纵坐标	海拔(m)	估测树龄(年)	树高(m)	胸围(cm)	冠幅(m)东西	冠幅(m)南北	特殊状况描述
30001	女贞	Ligustrum lucidum Ait.	木犀科女贞属	七都镇高路亭村委会上庄门口	117.777	30.323	325	210	7.0	270	2	2	主杆枯死
30002	女贞	Ligustrum lucidum Ait.	木犀科女贞属	七都镇高路亭村委会上庄门口	117.777	30.323	325	100	12.0	134	3	3	无
30003	大叶冬青	Ilex macrocarpa Oliv.	冬青科冬青属	七都镇高路亭村委会马台墩	117.776	30.323	311	100	10.0	140	2	2	无
30004	圆柏	Juniperus chinensis L.	柏科刺柏属	七都镇高路亭村委会李森林门口	117.777	30.32	300	200	7.0	125	3	4	无
30005	银杏	Ginkgo biloba L.	银杏科银杏属	七都镇高路亭村委会老庄	117.819	30.005	205	140	16.0	220	5	4	无
30006	银杏	Ginkgo biloba L.	银杏科银杏属	七都镇高路亭村委会坞里	117.819	30.297	200	240	24.0	280	8	6	无
30007	银杏	Ginkgo biloba L.	银杏科银杏属	七都镇高路亭村委会坞里	117.848	30.286	200	230	22.0	150	7	5	无
30008	银杏	Ginkgo biloba L.	银杏科银杏属	七都镇高路亭村委会坞里	117.848	30.286	200	130	24.0	138	8	6	无
30009	银杏	Ginkgo biloba L.	银杏科银杏属	七都镇高路亭村委会塔岭	117.836	30.297	205	200	20.0	167	6	4	无
30010	皂荚	Gleditsia sinensis Lam.	豆科皂荚属	七都镇高路亭村委会塔岭洞坡	117.801	30.304	210	210	14.0	210	8	6	无
30011	木犀	Osmanthus fragrans (Thunb.) Lour.	木犀科木犀属	七都镇高路亭村委会塔岭洞坡	117.801	30.304	217	100	9.0	197	15	11	基部分3杈
30012	枫香树	Liquidambar formosana Hance	金缕梅科枫香属	七都镇启田村委会里屋	117.889	30.342	240	170	28.0	300	10	14	无
30013	银杏	Ginkgo biloba L.	银杏科银杏属	七都镇启田村委会张立新屋边	117.887	30.342	230	100	14.0	41	10	8	丛生7株
30014	银杏	Ginkgo biloba L.	银杏科银杏属	七都镇启田村委会里屋	117.888	30.341	230	100	12.0	30	10	6	基部丛生2株
30015	银杏	Ginkgo biloba L.	银杏科银杏属	七都镇启田村委会外屋	117.889	30.34	220	100	20.0	45	6	4	偏冠
30016	银杏	Ginkgo biloba L.	银杏科银杏属	七都镇启田村委会外屋	117.889	30.34	220	100	15.0	40	5	5	无
30017	枫杨	Pterocarya stenoptera C. DC.	胡桃科枫杨属	七都镇启田村委会外屋	117.89	30.34	210	240	23.0	775	8	10	树干断梢

续表

编号	树种	学名	科、属	地点	横坐标	纵坐标	海拔(m)	估测树龄(年)	树高(m)	胸围(cm)	冠幅(m)东西	冠幅(m)南北	特殊状况描述
30018	石楠	Photinia serratifolia (Desf.) Kalkman	蔷薇科石楠属	七都镇启田村委会外屋路边	117.891	30.339	190	160	7.0	190	6	12	无
30019	苦槠	Castanopsis sclerophylla (Lindl.) Schottky	壳斗科栲属	七都镇启田村委会李峰屋后	117.895	30.333	190	150	8.0	300	8	6	基部空腐、弯曲倾斜
30020	枫香树	Liquidambar formosana Hance	金缕梅科枫香属	七都镇芳村村委会大坞圩	117.879	30.332	208	220	31.0	450	10	16	无
30021	木犀	Osmanthus fragrans (Thunb.) Lour.	木犀科木犀属	七都镇芳村村委会李可义门口	117.865	30.311	154	160	11.0	63	10	8	1 m处分2杈
30022	皂荚	Gleditsia sinensis Lam.	豆科皂荚属	七都镇芳村村委会孙云龙屋边(坝埂)	117.864	30.308	150	100	15.0	190	10	8	无
30023	青檀	Pteroceltis tatarinowii Maxim.	榆科青檀属	七都镇芳村村委会屋后竹林(水洞里)	117.859	30.318	195	230	16.0	200	9	8	无
30024	皂荚	Gleditsia sinensis Lam.	豆科皂荚属	七都镇六都村委会中间屋	117.83	30.337	326	110	20.0	270	25	21	1.8 m处分3杈
30025	豹皮樟	Litsea coreana var. sinensis (C. K. Allen) Yen C. Yang et P. H. Huang	樟科木姜子属	七都镇六都村委会中间屋	117.83	30.337	326	150	7.0	104	10	4	树干基部枯死
30026	木犀	Osmanthus fragrans (Thunb.) Lour.	木犀科木犀属	七都镇六都村委会中间屋	117.83	30.337	337	210	13.0	200	13	11	无
30027	银杏	Ginkgo biloba L.	银杏科银杏属	七都镇六都村委会中间屋	117.83	30.337	337	110	16.0	130	10	8	无
30028	银杏	Ginkgo biloba L.	银杏科银杏属	七都镇六都村委会中间屋	117.83	30.337	337	110	15.0	135	8	7	无
30029	木犀	Osmanthus fragrans (Thunb.) Lour.	木犀科木犀属	七都镇六都村委会中间屋	117.83	30.337	337	100	6.0	120	4	4	无
30030	银杏	Ginkgo biloba L.	银杏科银杏属	七都镇六都村委会中间屋	117.83	30.337	331	150	20.0	220	10	12	基部30 cm处分2杈

编号	树种	学名	科、属	地点	横坐标	纵坐标	海拔(m)	估测树龄(年)	树高(m)	胸围(cm)	冠幅(m)东西	冠幅(m)南北	特殊状况描述
30031	银杏	Ginkgo biloba L.	银杏科银杏属	七都镇六都村委会中间屋	117.831	30.337	332	150	18.0	160	10	8	无
30032	银杏	Ginkgo biloba L.	银杏科银杏属	七都镇六都村委会中间屋	117.83	30.337	331	120	18.0	250	10	8	基部30 cm处分3杈
30033	银杏	Ginkgo biloba L.	银杏科银杏属	七都镇六都村委会中间屋	117.83	30.337	331	100	18.0	114	10	9	无
30034	银杏	Ginkgo biloba L.	银杏科银杏属	七都镇六都村委会中间屋	117.83	30.337	331	100	14.0	88	8	8	无
30035	银杏	Ginkgo biloba L.	银杏科银杏属	七都镇六都村委会中间屋	117.83	30.337	331	120	18.0	130	12	10	基部有一空六坏死基部
30036	银杏	Ginkgo biloba L.	银杏科银杏属	七都镇六都村委会中间屋	117.83	30.337	330	100	19.0	200	14	12	30 cm处分2株
30037	银杏	Ginkgo biloba L.	银杏科银杏属	七都镇六都村委会中间屋	117.83	30.337	330	100	13.0	78	6	4	无
30038	圆柏	Juniperus chinensis L.	柏科刺柏属	七都镇六都村委会中间屋	117.829	30.337	334	160	8.0	110	6	6	基部被人为砍削
30039	木犀	Osmanthus fragrans (Thunb.) Lour.	木犀科木犀属	七都镇六都村委会阴边	117.828	30.337	338	210	10.0	200	14	12	2.5 m处分7杈
30040	黑壳楠	Lindera megaphylla Hemsl.	樟科山胡椒属	七都镇六都村委会松树根	117.825	30.344	372	210	8.0	100	10	8	2.6 m处分5杈
30041	皂荚	Gleditsia sinensis Lam.	豆科皂荚属	七都镇六都村委会松树棵屋后	117.824	30.346	395	110	14.0	360	8	6	无
30042	皂荚	Gleditsia sinensis Lam.	豆科皂荚属	七都镇六都村委会太平山松树棵	117.825	30.346	393	120	25.0	220	12	11	无
30043	木犀	Osmanthus fragrans (Thunb.) Lour.	木犀科木犀属	七都镇六都村委会太平山松树棵	117.825	30.346	403	210	8.0	270	7	12	基部分杈,冠型好
30044	银杏	Ginkgo biloba L.	银杏科银杏属	七都镇六都村委会太平山松树棵	117.824	30.346	398	100	12.0	70	10	8	老树桩萌生2株

编号	树种	学名	科、属	地点	横坐标	纵坐标	海拔(m)	估测树龄(年)	树高(m)	胸围(cm)	冠幅(m) 东西	冠幅(m) 南北	特殊状况描述
30045	大叶冬青	Ilex macrocarpa Oliv.	冬青科冬青属	七都镇六都村委会太平山松树棵	117.825	30.345	391	210	8.0	140	6	8	无
30046	尖叶厚皮香	Ternstroemia nitida Merr.	茶科厚皮香属	七都镇六都村委会太平山松树棵	117.825	30.344	388	160	27.0	270	10	12	基部5m处分权
30047	圆柏	Juniperus chinensis L.	柏科刺柏属	七都镇六都村委会杨家	117.835	30.338	162	120	9.0	107	2	2	树干部分环死
30048	圆柏	Juniperus chinensis L.	柏科刺柏属	七都镇六都村委会杨家	117.836	30.338	162	120	8.0	132	3	2	树干断梢
30049	枫杨	Pterocarya stenoptera C. DC.	胡桃科枫杨属	七都镇六都村委会龙源(河边)	117.843	30.328	146	120	16.0	390	10	12	无
30050	木犀	Osmanthus fragrans (Thunb.) Lour.	木犀科木犀属	七都镇银堤村委会古圩(沟边)	117.861	30.276	141	200	10.0	196	8	4	1.3m处分2权
30051	木犀	Osmanthus fragrans (Thunb.) Lour.	木犀科木犀属	七都镇银堤村委会古圩	117.861	30.276	142	180	8.0	114	6	4	1.5m处分2权
30052	木犀	Osmanthus fragrans (Thunb.) Lour.	木犀科木犀属	七都镇银堤村委会古圩	117.861	30.276	142	200	12.0	180	13	9	无
30053	木犀	Osmanthus fragrans (Thunb.) Lour.	木犀科木犀属	七都镇银堤村委会七庄	117.86	30.276	140	280	16.0	330	14	16	30cm处分3权,河水冲刷,根部裸露
30054	枫杨	Pterocarya stenoptera C. DC.	胡桃科枫杨属	七都镇劳村村委会茅屋下边	117.863	30.291	121	150	9.0	280	8	8	无
30055	木犀	Osmanthus fragrans (Thunb.) Lour.	木犀科木犀属	七都镇三甲村委会金竹山	117.793	30.273	451	260	11.0	350	10	8	主杆1m处分4权
30056	木犀	Osmanthus fragrans (Thunb.) Lour.	木犀科木犀属	七都镇三甲村委会金竹山(坝上)	117.793	30.273	446	260	12.0	220	9	13	无
30057	木犀	Osmanthus fragrans (Thunb.) Lour.	木犀科木犀属	七都镇三甲村委会金竹山(坝上)	117.793	30.273	446	260	12.0	180	6	11	40cm处分2权
30058	木犀	Osmanthus fragrans (Thunb.) Lour.	木犀科木犀属	七都镇三甲村委会金竹山(坝上)	117.793	30.273	446	260	12.0	240	11	13	50cm处分多权

编号	树种	学名	科、属	地点	横坐标	纵坐标	海拔(m)	估测树龄(年)	树高(m)	胸围(cm)	冠幅(m)东西	冠幅(m)南北	特殊状况描述
30059	枫杨	Pterocarya stenoptera C. DC.	胡桃科枫杨属	七都镇三甲村委会岭脚（河边）	117.802	30.263	174	130	18.0	325	15	25	无
30060	木犀	Osmanthus fragrans (Thunb.) Lour.	木犀科木犀属	七都镇三甲村委会岭脚	117.802	30.261	161	210	15.0	365	17	17	无
30061	银杏	Ginkgo biloba L.	银杏科银杏属	七都镇三甲村委会店边（菜园地边）	117.798	30.26	173	110	7.0	190	3	3	截干，2005年移走
30062	皂荚	Gleditsia sinensis Lam.	豆科皂荚属	七都镇银堤村委会柏枝树（河边）	117.831	30.289	165	150	13.0	260	18	18	无
30063	玉兰	Yulania denudata (Desr.) D. L. Fu	木兰科玉兰属	七都镇银堤村委会陈景祥屋后	117.835	30.287	165	130	15.0	250	8	7	无
30064	皂荚	Gleditsia sinensis Lam.	豆科皂荚属	七都镇银堤村委会柏枝树（河边）	117.834	30.286	160	150	12.0	280	10	6	30 cm处分杈，干倾斜
30065	银杏	Ginkgo biloba L.	银杏科银杏属	七都镇银堤村委会焦坑岭	117.814	30.253	265	100	22.0	250	10	10	无
30066	银杏	Ginkgo biloba L.	银杏科银杏属	七都镇银堤村委会焦坑岭	117.814	30.254	260	100	21.0	60	5	5	无
30067	银杏	Ginkgo biloba L.	银杏科银杏属	七都镇银堤村委会团结组	117.814	30.255	270	100	21.0	145	8	7	无
30068	银杏	Ginkgo biloba L.	银杏科银杏属	七都镇银堤村委会团结组	117.814	30.256	270	100	22.0	290	10	9	无
30069	银杏	Ginkgo biloba L.	银杏科银杏属	七都镇银堤村委会水音	117.814	30.256	251	100	15.0	105	5	5	无
30070	银杏	Ginkgo biloba L.	银杏科银杏属	七都镇银堤村委会水音	117.814	30.256	246	100	13.0	109	8	6	无
30071	银杏	Ginkgo biloba L.	银杏科银杏属	七都镇银堤村委会水音	117.814	30.256	270	100	21.0	110	9	10	无
30072	银杏	Ginkgo biloba L.	银杏科银杏属	七都镇银堤村委会水音	117.814	30.257	283	100	14.0	160	9	10	树干20 cm处分2株
30073	银杏	Ginkgo biloba L.	银杏科银杏属	七都镇银堤村委会水音	117.814	30.256	252	100	18.0	97	7	7	无
30074	银杏	Ginkgo biloba L.	银杏科银杏属	七都镇银堤村委会水音	117.814	30.256	257	100	21.0	310	9	10	无

编号	树种	学名	科、属	地点	横坐标	纵坐标	海拔(m)	估测树龄(年)	树高(m)	胸围(cm)	冠幅(m) 东西	冠幅(m) 南北	特殊状况描述
30075	银杏	Ginkgo biloba L.	银杏科银杏属	七都镇银堤村委会水谷	117.814	30.256	253	100	14.0	85	5	5	无
30076	银杏	Ginkgo biloba L.	银杏科银杏属	七都镇银堤村委会团结组	117.813	30.256	244	100	20.0	230	9	10	20 cm处分2株
30077	银杏	Ginkgo biloba L.	银杏科银杏属	七都镇银堤村委会团结组	117.813	30.256	244	100	21.0	30	7	6	无
30078	银杏	Ginkgo biloba L.	银杏科银杏属	七都镇银堤村委会团结组	117.813	30.257	246	100	12.0	198	6	7	树干基部分2杈
30079	银杏	Ginkgo biloba L.	银杏科银杏属	七都镇银堤村委会团结组	117.813	30.257	250	100	15.0	95	8	8	老树桩萌发
30080	银杏	Ginkgo biloba L.	银杏科银杏属	七都镇银堤村委会团结组	117.813	30.257	251	100	16.0	110	8	8	3.3 m处分两杈
30081	银杏	Ginkgo biloba L.	银杏科银杏属	七都镇银堤村委会团结组	117.813	30.258	250	100	23.0	135	8	9	无
30082	银杏	Ginkgo biloba L.	银杏科银杏属	七都镇银堤村委会团结组	117.813	30.258	253	100	20.0	160	6	6	生长在坎上
30083	枫香树	Liquidambar formosana Hance	金缕梅科枫香属	七都镇银堤村委会来垅山	117.811	30.259	266	180	25.0	270	10	15	无
30084	枫香树	Liquidambar formosana Hance	金缕梅科枫香属	七都镇银堤村委会来垅山	117.811	30.259	264	180	35.0	240	13	12	无
30085	苦槠	Castanopsis sclerophylla (Lindl.) Schottky	壳斗科锥栗属	七都镇银堤村委会来垅山	117.811	30.259	270	120	13.0	250	9	11	无
30086	枫香树	Liquidambar formosana Hance	金缕梅科枫香属	七都镇银堤村委会来垅山	117.811	30.259	277	120	26.0	240	10	12	无
30087	枫香树	Liquidambar formosana Hance	金缕梅科枫香属	七都镇银堤村委会来垅山	117.811	30.258	276	200	32.0	350	16	14	无
30088	银杏	Ginkgo biloba L.	银杏科银杏属	七都镇银堤村委会杨桃坞(竹林)	117.81	30.258	270	100	22.0	150	6	6	无
30089	银杏	Ginkgo biloba L.	银杏科银杏属	七都镇银堤村委会团结组	117.812	30.256	263	100	18.0	125	9	8	无

编号	树种	学名	科、属	地点	横坐标	纵坐标	海拔(m)	估测树龄(年)	树高(m)	胸围(cm)	冠幅(m) 东西	冠幅(m) 南北	特殊状况描述
30090	银杏	Ginkgo biloba L.	银杏科银杏属	七都镇银堤村委会团结组	117.811	30.256	258	100	18.0	150	8	8	树干1 m处分2杈
30091	银杏	Ginkgo biloba L.	银杏科银杏属	七都镇银堤村委会团结组	117.812	30.256	258	100	20.0	128	6	8	无
30092	银杏	Ginkgo biloba L.	银杏科银杏属	七都镇银堤村委会团结组	117.812	30.256	247	100	16.0	140	8	8	无
30093	银杏	Ginkgo biloba L.	银杏科银杏属	七都镇银堤村委会团结组	117.812	30.256	245	100	15.0	105	6	6	无
30094	银杏	Ginkgo biloba L.	银杏科银杏属	七都镇银堤村委会团结组	117.812	30.256	244	100	22.0	135	8	8	无
30095	银杏	Ginkgo biloba L.	银杏科银杏属	七都镇银堤村委会团结组	117.813	30.255	243	100	20.0	108	7	8	无
30096	紫薇	Lagerstroemia indica L.	千屈菜科紫薇属	七都镇七都村委会七都中学	117.782	30.241	204	100	8.0	65	8	9	无
30097	石楠	Photinia serratifolia (Desf.) Kalkman	蔷薇科石楠属	七都镇七都村委会七都中学	117.782	30.241	205	100	7.0	73	5	5	无
30098	木犀	Osmanthus fragrans (Thunb.) Lour.	木犀科木犀属	七都镇七都村委会七都中学	117.781	30.241	168	130	5.0	140	6	6	无
30099	女贞	Ligustrum lucidum Ait.	木犀科女贞属	七都镇七都村委会七都中学	117.782	30.241	169	130	11.0	190	13	10	无
30100	女贞	Ligustrum lucidum Ait.	木犀科女贞属	七都镇七都村委会七都中学	117.782	30.241	172	130	11.0	155	12	6	无
30101	珊瑚朴	Celtis julianae C. K. Schneid. in Sarg.	榆科朴树属	七都镇七都村委会七都中学	117.782	30.24	167	110	13.0	165	10	10	2.2 m处分杈,冠形大
30102	榆树	Ulmus pumila L.	榆科榆属	七都镇七都村委会七都中学	117.782	30.24	168	180	18.0	255	25	24	无
30103	皂荚	Gleditsia sinensis Lam.	豆科皂荚属	七都镇七都村委会芳坑	117.77	30.244	195	120	12.0	175	8	8	3 m处截干后萌生
30104	糙叶树	Aphananthe aspera (Thunb.) Planch.	榆科糙叶树属	七都镇七都村委会下干沟畈	117.769	30.242	191	130	8.0	170	5	3	无

编号	树种	学名	科.属	地点	横坐标	纵坐标	海拔(m)	估测树龄(年)	树高(m)	胸围(cm)	冠幅(m)东西	冠幅(m)南北	特殊状况描述
30105	女贞	Ligustrum lucidum Ait.	木犀科女贞属	七都镇七都村委会下干沟畈	117.769	30.242	190	110	8.0	108	2	2	无
30106	女贞	Ligustrum lucidum Ait.	木犀科女贞属	七都镇七都村委会下干沟畈	117.769	30.242	191	110	5.0	100	2	2	3 m处截干后萌生
30107	黄连木	Pistacia chinensis Bunge	漆树科黄连木属	七都镇七都村委会查上水口	117.762	30.238	196	120	15.0	153	6	7	基部空心,2.5 m处分杈
30108	银杏	Ginkgo biloba L.	银杏科银杏属	七都镇七都村委会查上水口	117.762	30.238	189	100	14.0	131	8	7	无
30109	黄连木	Pistacia chinensis Bunge	漆树科黄连木属	七都镇七都村委会查上水口	117.762	30.238	186	120	13.0	152	9	8	无
30110	黄连木	Pistacia chinensis Bunge	漆树科黄连木属	七都镇七都村委会查上水口	117.762	30.238	190	120	13.0	142	8	9	无
30111	圆柏	Juniperus chinensis L.	柏科刺柏属	七都镇七都村委会查上	117.761	30.239	190	160	14.0	130	5	5	无
30112	圆柏	Juniperus chinensis L.	柏科刺柏属	七都镇七都村委会查上	117.761	30.239	190	130	11.0	90	3	3	无
30113	三角枫	Acer buergerianum Miq.	槭树科槭属	七都镇七都村委会大岭(路沟边)	117.755	30.251	209	100	12.0	220	8	8	沟边,1.5 m处分2杈
30114	豹皮樟	Litsea coreana var. sinensis (C. K. Allen) Yen C. Yang et P. H. Huang	樟科木姜子属	七都镇七都村委会方家墩	117.76	30.241	213	100	6.0	75	2	2	无
30115	黄连木	Pistacia chinensis Bunge	漆树科黄连木属	七都镇七都村委会方家墩	117.76	30.241	190	110	15.0	167	8	7	树干3 m处分2杈
30116	枫香树	Liquidambar formosana Hance	金缕梅科枫香属	七都镇七都村委会方家墩	117.76	30.241	199	100	18.0	155	6	4	无
30117	糙叶树	Aphananthe aspera (Thunb.) Planch.	榆科糙叶树属	七都镇七都村委会方家墩	117.761	30.241	200	100	14.0	140	4	4	无

编号	树种	学名	科、属	地点	横坐标	纵坐标	海拔(m)	估测树龄(年)	树高(m)	胸围(cm)	冠幅(m) 东西	冠幅(m) 南北	特殊状况描述
30118	珊瑚朴	Celtis julianae C. K. Schneid. in Sarg.	榆科朴树属	七都镇七都村委会方家墩	117.761	30.241	199	100	13.0	150	4	4	无
30119	槐树	Sophora japonica L.	豆科槐属	七都镇七都村委会方家墩	117.761	30.241	193	100	12.0	150	9	3	无
30120	木犀	Osmanthus fragrans (Thunb.) Lour.	木犀科木犀属	七都镇黄河村委会牛角湾	117.839	30.208	251	135	12.0	460	18	17	基部分权7枝
30121	木犀	Osmanthus fragrans (Thunb.) Lour.	木犀科木犀属	七都镇黄河村委会牛角湾	117.839	30.208	245	100	9.0	180	6	6	无
30122	木犀	Osmanthus fragrans (Thunb.) Lour.	木犀科木犀属	七都镇黄河村委会蛇口	117.838	30.21	190	120	14.0	250	8	8	无
30123	木犀	Osmanthus fragrans (Thunb.) Lour.	木犀科木犀属	七都镇黄河村委会双溪口	117.833	30.224	147	210	9.0	260	8	15	树干基部分7枝
30124	木犀	Osmanthus fragrans (Thunb.) Lour.	木犀科木犀属	七都镇黄河村委会东坑水口	117.834	30.275	154	110	9.0	226	11	9	树干基部分4枝
30125	枫杨	Pterocarya stenoptera C. DC.	胡桃科枫杨属	七都镇黄河村委会坑口路边	117.825	30.217	157	160	23.0	450	8	10	树干基部空心
30126	女贞	Ligustrum lucidum Ait.	木犀科女贞属	七都镇毛坦村委会墩上	117.768	30.209	182	120	8.0	230	7	6	长在坎上,基部空心
30127	银杏	Ginkgo biloba L.	银杏科银杏属	七都镇河口村委会墙头	117.745	30.225	218	110	20.0	270	10	14	树干基部分3枝
30128	枫香树	Liquidambar formosana Hance	金缕梅科枫香属	七都镇河口村委会门口河边	117.745	30.222	216	210	32.0	340	12	11	无
30129	枫香树	Liquidambar formosana Hance	金缕梅科枫香属	七都镇河口村委会背后	117.745	30.222	217	260	36.0	380	10	8	无
30130	圆柏	Juniperus chinensis L.	柏科刺柏属	七都镇河口村委会桥头(河边)	117.745	30.216	200	130	12.0	120	4	4	无
30131	木犀	Osmanthus fragrans (Thunb.) Lour.	木犀科木犀属	七都镇河口村委会陈家畈	117.75	30.2	186	130	10.0	340	15	12	树干基部分5枝

编号	树种	学名	科、属	地点	横坐标	纵坐标	海拔(m)	估测树龄(年)	树高(m)	胸围(cm)	冠幅(m)东西	冠幅(m)南北	特殊状况描述
30132	青檀	Pteroceltis tatarinowii Maxim.	榆科青檀属	七都镇河口村委会陈家畈	117.752	30.2	181	210	8.0	250	6	6	冠幅矫小
30133	枫香树	Liquidambar formosana Hance	金缕梅科枫香属	七都镇河口村委会庙背后	117.711	30.226	274	260	14.0	390	13	12	雷击断梢
30134	榧树	Torreya grandis Fortune ex Lindl.	红豆杉科榧树属	七都镇河口村委会岳坑框下	117.711	30.228	302	110	12.0	150	9	9	无
30135	圆柏	Juniperus chinensis L.	柏科刺柏属	七都镇河口村委会坎下	117.733	30.207	212	210	18.0	160	3	4	无
30136	圆柏	Juniperus chinensis L.	柏科刺柏属	七都镇河口村委会坎下	117.733	30.207	215	216	15.0	160	6	5	无
30137	朴树	Celtis sinensis Pers.	榆科朴树属	七都镇河口村委会桥头	117.736	30.205	212	130	12.0	140	9	10	无
30138	枫香树	Liquidambar formosana Hance	金缕梅科枫香属	七都镇毕家村委会舒家	117.701	30.212	564	110	25.0	320	17	17	无
30139	枫香树	Liquidambar formosana Hance	金缕梅科枫香属	七都镇毕家村委会舒家	117.7	30.212	546	110	24.0	250	15	14	无
30140	圆柏	Juniperus chinensis L.	柏科刺柏属	七都镇毕家村委会舒家	117.701	30.212	553	210	13.0	220	3	3	无
30141	圆柏	Juniperus chinensis L.	柏科刺柏属	七都镇毕家村委会舒家	117.7	30.212	562	210	13.0	160	4	3	树干人为欣削
30142	银杏	Ginkgo biloba L.	银杏科银杏属	七都镇毕家村委会水口	117.702	30.212	533	130	25.0	270	13	15	无
30143	皂荚	Gleditsia sinensis Lam.	豆科皂荚属	七都镇毕家村委会汪家	117.703	30.212	532	130	22.0	260	12	11	无
30144	黑壳楠	Lindera megaphylla Hemsl.	樟科山胡椒属	七都镇毕家村委会汪家	117.703	30.212	529	110	17.0	230	9	7	无
30145	木犀	Osmanthus fragrans (Thunb.) Lour.	木犀科木犀属	七都镇毕家村委会汪家	117.703	30.212	519	150	8.0	160	8	10	无
30146	木犀	Osmanthus fragrans (Thunb.) Lour.	木犀科木犀属	七都镇毕家村委会汪家	117.703	30.212	519	150	11.0	190	9	10	1.2 m处分3杈
30147	三角枫	Acer buergerianum Miq.	槭树科槭属	七都镇毕家村委会江家	117.694	30.184	265	260	16.0	290	9	15	无
30148	圆柏	Juniperus chinensis L.	柏科刺柏属	七都镇毕家村委会江家	117.694	30.184	260	260	15.0	170	4	6	无

编号	树种	学名	科/属	地点	横坐标	纵坐标	海拔(m)	估测树龄(年)	树高(m)	胸围(cm)	冠幅(m) 东西	南北	特殊状况描述
30149	马尾松	Pinus massoniana Lamb.	松科松属	七都镇毕家村委会坳口塘	117.706	30.188	226	110	30.0	260	5	7	干型通直枝丫少
30150	枫杨	Pterocarya stenoptera C. DC.	胡桃科枫杨属	七都镇毕家村委会北水口	117.709	30.186	218	160	20.0	450	10	16	无
30151	枫香树	Liquidambar formosana Hance	金缕梅科枫香属	七都镇毕家村委会八墩	117.721	30.187	210	160	23.0	330	13	16	无
30152	三角枫	Acer buergerianum Miq.	槭树科槭属	七都镇毕家村委会八墩	117.721	30.187	213	110	30.0	160	12	14	无
30153	枫香树	Liquidambar formosana Hance	金缕梅科枫香属	七都镇高路亭村委会中龙山	117.785	30.3	517	150	22.0	290	9	10	无
30154	石楠	Photinia serratifolia (Desf.) Kalkman	蔷薇科石楠属	七都镇高路亭村委会中龙山水口	117.786	30.299	487	150	13.0	170	8	10	无
30155	玉兰	Yulania denudata (Desr.) D. L. Fu	木兰科玉兰属	七都镇高路亭村委会中龙山水口	117.786	30.299	488	100	14.0	150	8	8	无
30156	黑壳楠	Lindera megaphylla Hemsl.	樟科山胡椒属	七都镇高路亭村委会中龙山水口	117.786	30.299	514	260	13.0	190	8	12	无
30157	石楠	Photinia serratifolia (Desf.) Kalkman	蔷薇科石楠属	七都镇高路亭村委会中龙山水口	117.786	30.299	502	260	12.0	160	8	10	无
30158	三角枫	Acer buergerianum Miq.	槭树科槭属	七都镇高路亭村委会中龙山（屋后）	117.787	30.299	508	253	18.0	280	8	10	树干3 m处分杈
30159	黑壳楠	Lindera megaphylla Hemsl.	樟科山胡椒属	七都镇高路亭村委会中龙山（屋后）	117.787	30.3	508	110	12.0	190	7	8	无
30160	枫香树	Liquidambar formosana Hance	金缕梅科枫香属	七都镇高路亭村委会中龙山（屋后）	117.787	30.299	503	150	23.0	300	11	13	无
30161	木犀	Osmanthus fragrans (Thunb.) Lour.	木犀科木犀属	七都镇高路亭村委会中龙山（屋后）	117.789	30.299	509	100	7.0	160	9	8	50 cm处分3杈
30162	枫香树	Liquidambar formosana Hance	金缕梅科枫香属	七都镇高路亭村委会中龙山（屋后）	117.787	30.299	500	150	16.0	250	10	13	无

编号	树种	学名	科/属	地点	横坐标	纵坐标	海拔(m)	估测树龄(年)	树高(m)	胸围(cm)	冠幅(m) 东西	南北	特殊状况描述
30163	枫香树	Liquidambar formosana Hance	金缕梅科枫香属	七都镇高路亭村委会中龙山(屋后)	117.787	30.299	507	180	20.0	270	10	12	无
30164	黄连木	Pistacia chinensis Bunge	漆树科黄连木属	七都镇高路亭村委会中龙山(屋后)	117.787	30.3	518	120	17.0	220	12	11	无
30165	枫香树	Liquidambar formosana Hance	金缕梅科枫香属	七都镇高路亭村委会外中龙山	117.791	30.299	524	220	26.0	350	13	14	无
30166	山茱萸	Cornus officinalis Sieb. et Zucc.	山茱萸科山茱萸属	七都镇高路亭村委会石印坑	117.773	30.295	450	260	6.0	200	6	6	无
30167	石楠	Photinia serratifolia (Desf.) Kalkman	蔷薇科石楠属	七都镇高路亭村委会末坡山水口	117.774	30.296	433	150	9.0	130	8	8	树干3 m处分杈
30168	圆柏	Juniperus chinensis L.	柏科刺柏属	七都镇八棚村委会程家(路边)	117.744	30.289	813	130	10.0	90	3	2	中空有裂缝
30169	槐树	Sophora japonica L.	豆科槐属	七都镇八棚村委会黄尖上蓬	117.746	30.291	851	160	18.0	210	14	8	无
30170	圆柏	Juniperus chinensis L.	柏科刺柏属	七都镇八棚村委会黄尖上蓬	117.745	30.291	848	120	9.0	103	4	6	无
30171	槐树	Sophora japonica L.	豆科槐属	七都镇八棚村委会黄尖阴边	117.743	30.293	801	120	12.0	130	10	11	无
30172	三角枫	Acer buergerianum Miq.	槭树科槭属	七都镇八棚村委会阴边水口	117.743	30.294	783	140	12.0	176	10	9	无
30173	圆柏	Juniperus chinensis L.	柏科刺柏属	七都镇八棚村委会阴边水口	117.743	30.294	804	260	11.0	119	6	5	无
30174	圆柏	Juniperus chinensis L.	柏科刺柏属	七都镇八棚村委会阴边水口	117.743	30.294	811	120	9.0	78	5	4	无
30175	圆柏	Juniperus chinensis L.	柏科刺柏属	七都镇八棚村委会阴边水口	117.743	30.294	812	180	15.0	100	6	5	无
30176	圆柏	Juniperus chinensis L.	柏科刺柏属	七都镇八棚村委会阴边水口	117.743	30.294	813	150	14.0	92	5	4	无
30177	圆柏	Juniperus chinensis L.	柏科刺柏属	七都镇八棚村委会阴边水口	117.743	30.294	810	110	10.0	68	4	5	无
30178	圆柏	Juniperus chinensis L.	柏科刺柏属	七都镇八棚村委会阴边水口	117.743	30.294	807	253	14.0	119	5	6	无
30179	圆柏	Juniperus chinensis L.	柏科刺柏属	七都镇八棚村委会阴边水口	117.743	30.294	807	123	8.0	77	10	5	无
30180	黄连木	Pistacia chinensis Lindl.	漆树科黄连木属	七都镇八棚村委会阴边水口	117.743	30.294	810	103	11.0	105	4	4	树干一侧空心环死
30181	圆柏	Juniperus chinensis L.	柏科刺柏属	七都镇八棚村委会阴边水口	117.743	30.294	803	280	14.0	142	4	4	无

编号	树种	学名	科,属	地点	横坐标	纵坐标	海拔(m)	估测树龄(年)	树高(m)	胸围(cm)	冠幅(m) 东西	冠幅(m) 南北	特殊状况描述
30182	圆柏	Juniperus chinensis L.	柏科刺柏属	七都镇八棚村委会阴边水口	117.743	30.293	810	110	9.0	82	3	2	无
30183	君迁子	Diospyros lotus L.	柿树科柿属	七都镇八棚村委会阴边水口	117.743	30.293	810	130	17.0	168	7	7	无
30184	三角枫	Acer buergerianum Miq.	槭树科槭属	七都镇八棚村委会阴边水口	117.743	30.293	810	180	17.0	283	6	10	无
30185	圆柏	Juniperus chinensis L.	柏科刺柏属	七都镇八棚村委会阴边水口	117.743	30.293	810	150	10.0	102	3	3	无
30186	圆柏	Juniperus chinensis L.	柏科刺柏属	七都镇八棚村委会黄尖阴边	117.743	30.294	806	203	10.0	115	3	3	无
30187	银杏	Ginkgo biloba L.	银杏科银杏属	七都镇八棚村委会黄尖阴边水口	117.743	30.294	815	203	14.0	180	10	10	无
30188	银杏	Ginkgo biloba L.	银杏科银杏属	七都镇八棚村委会黄尖阴边水口	117.743	30.293	800	100	7.0	100	8	9	无
30189	圆柏	Juniperus chinensis L.	柏科刺柏属	七都镇八棚村委会阴边水口	117.743	30.293	800	130	10.0	106	3	2	无
30190	圆柏	Juniperus chinensis L.	柏科刺柏属	七都镇八棚村委会阴边水口	117.743	30.294	804	150	11.0	90	2	3	无
30191	圆柏	Juniperus chinensis L.	柏科刺柏属	七都镇八棚村委会阴边水口	117.743	30.294	809	180	16.0	117	3	4	无
30192	圆柏	Juniperus chinensis L.	柏科刺柏属	七都镇八棚村委会阴边水口	117.743	30.294	813	130	11.0	90	4	4	无
30193	黄连木	Pistacia chinensis Bunge	槭树科黄连木属	七都镇八棚村委会阴边水口	117.744	30.294	809	120	14.0	177	8	9	无
30194	槐树	Sophora japonica L.	豆科槐属	七都镇八棚村委会阴边水口	117.744	30.294	812	160	14.0	175	11	9	无
30195	圆柏	Juniperus chinensis L.	柏科刺柏属	七都镇八棚村委会阴边水口	117.744	30.293	810	160	11.0	118	2	2	无
30196	银杏	Ginkgo biloba L.	银杏科银杏属	七都镇八棚村委会黄尖阴边水口	117.744	30.293	807	180	14.0	147	6	7	无
30197	三角枫	Acer buergerianum Miq.	槭树科槭属	七都镇八棚村委会阴边水口	117.744	30.293	810	110	14.0	125	6	7	无
30198	黄檀	Dalbergia hupeana Hance	豆科黄檀属	七都镇八棚村委会阴边水口	117.744	30.293	805	153	13.0	121	5	5	无
30199	圆柏	Juniperus chinensis L.	柏科刺柏属	七都镇八棚村委会阴边水口	117.744	30.293	800	100	8.0	76	3	4	无
30200	圆柏	Juniperus chinensis L.	柏科刺柏属	七都镇八棚村委会阴边水口	117.744	30.293	805	200	13.0	125	4	3	无
30201	圆柏	Juniperus chinensis L.	柏科刺柏属	七都镇八棚村委会阴边水口	117.744	30.293	805	153	11.0	111	3	3	无
30202	圆柏	Juniperus chinensis L.	柏科刺柏属	七都镇八棚村委会阴边水口	117.744	30.293	803	113	6.0	65	3	2	无

编号	树种	学名	科、属	地点	横坐标	纵坐标	海拔(m)	估测树龄(年)	树高(m)	胸围(cm)	冠幅(m) 东西	冠幅(m) 南北	特殊状况描述
30203	银杏	Ginkgo biloba L.	银杏科银杏属	七都镇八棚村委会阴边水口	117.744	30.293	810	110	13.0	120	5	4	无
30204	银杏	Ginkgo biloba L.	银杏科银杏属	七都镇八棚村委会阴边水口	117.744	30.293	806	100	9.0	86	6	7	无
30205	圆柏	Juniperus chinensis L.	柏科刺柏属	七都镇八棚村委会阴边水口	117.744	30.293	798	160	14.0	99	3	3	无
30206	银杏	Ginkgo biloba L.	银杏科银杏属	七都镇八棚村委会阴边水口	117.744	30.293	800	100	13.0	100	8	6	无
30207	银杏	Ginkgo biloba L.	银杏科银杏属	七都镇八棚村委会阴边	117.745	30.293	800	200	17.0	147	7	8	无
30208	银杏	Ginkgo biloba L.	银杏科银杏属	七都镇八棚村委会阴边	117.745	30.294	805	200	18.0	296	11	10	基部空心分3株
30209	银杏	Ginkgo biloba L.	银杏科银杏属	七都镇八棚村委会阴边	117.746	30.294	815	130	14.0	141	8	10	无
30210	银杏	Ginkgo biloba L.	银杏科银杏属	七都镇八棚村委会阴边(路上)	117.746	30.294	811	100	9.0	70	4	5	无
30211	银杏	Ginkgo biloba L.	银杏科银杏属	七都镇八棚村委会阴边(路上)	117.746	30.294	814	100	12.0	110	7	8	无
30212	银杏	Ginkgo biloba L.	银杏科银杏属	七都镇八棚村委会阴边(路下)	117.746	30.294	810	100	12.0	120	6	8	无
30213	银杏	Ginkgo biloba L.	银杏科银杏属	七都镇八棚村委会阴边(路下)	117.746	30.294	820	110	13.0	149	7	7	无
30214	银杏	Ginkgo biloba L.	银杏科银杏属	七都镇八棚村委会阴边(路下)	117.745	30.294	820	120	13.0	156	6	12	无
30215	银杏	Ginkgo biloba L.	银杏科银杏属	七都镇八棚村委会阴边(路下)	117.745	30.294	801	110	15.0	146	6	9	无
30216	银杏	Ginkgo biloba L.	银杏科银杏属	七都镇八棚村委会阴边	117.745	30.294	787	100	8.0	110	7	8	无
30217	银杏	Ginkgo biloba L.	银杏科银杏属	七都镇八棚村委会阴边	117.745	30.294	800	200	25.0	201	13	10	萌发3株,1株3 m分权
30218	银杏	Ginkgo biloba L.	银杏科银杏属	七都镇八棚村委会阴边	117.745	30.294	808	200	24.0	275	15	9	无

编号	树种	学名	科、属	地点	横坐标	纵坐标	海拔 (m)	估测树龄 (年)	树高 (m)	胸围 (cm)	冠幅 (m) 东西	冠幅 (m) 南北	特殊状况描述
30219	银杏	*Ginkgo biloba* L.	银杏科银杏属	七都镇八棚村委会阴边	117.745	30.294	800	200	25.0	319	16	10	根部萌发2株
30220	三角枫	*Acer buergerianum* Miq.	槭树科槭属	七都镇八棚村委会阴边	117.745	30.294	796	130	16.0	140	16	12	无
30221	银杏	*Ginkgo biloba* L.	银杏科银杏属	七都镇八棚村委会阴边	117.745	30.294	820	100	16.0	70	12	8	无
30222	银杏	*Ginkgo biloba* L.	银杏科银杏属	七都镇八棚村委会阴边	117.745	30.294	807	100	23.0	135	12	11	无
30223	银杏	*Ginkgo biloba* L.	银杏科银杏属	七都镇八棚村委会阴边	117.745	30.294	800	100	22.0	119	9	10	无
30224	银杏	*Ginkgo biloba* L.	银杏科银杏属	七都镇八棚村委会阴边	117.745	30.294	800	120	12.0	100	5	7	无
30225	银杏	*Ginkgo biloba* L.	银杏科银杏属	七都镇八棚村委会阴边	117.744	30.294	792	100	9.0	110	6	7	无
30226	银杏	*Ginkgo biloba* L.	银杏科银杏属	七都镇八棚村委会阴边	117.744	30.294	810	110	19.0	135	13	10	无
30227	银杏	*Ginkgo biloba* L.	银杏科银杏属	七都镇八棚村委会阴边	117.744	30.294	810	110	9.0	135	9	10	无
30228	苦槠	*Castanopsis sclerophylla* (Lindl.) Schottky	壳斗科栲属	七都镇七都村委会南均后山	117.763	30.28	490	150	12.0	205	11	12	无
30229	枫香树	*Liquidambar formosana* Hance	金缕梅科枫香属	七都镇八棚村委会瓦屋屋后	117.736	30.301	846	160	10.0	190	6	6	无
30230	槐树	*Sophora japonica* L.	豆科槐属	七都镇八棚村委会瓦屋屋后	117.737	30.301	811	210	22.0	340	12	14	无
30231	枫杨	*Pterocarya stenoptera* C. DC.	胡桃科枫杨属	七都镇八棚村委会岗山水口	117.728	30.298	830	180	24.0	381	19	17	无
30232	银杏	*Ginkgo biloba* L.	银杏科银杏属	七都镇八棚村委会岗山水口	117.728	30.298	836	100	15.0	132	7	8	无
30233	刺榆	*Hemiptelea davidii* (Hance) Planch.	榆科刺榆属	七都镇八棚村委会岗山水口	117.728	30.298	853	130	13.0	180	7	7	无
30234	银杏	*Ginkgo biloba* L.	银杏科银杏属	七都镇八棚村委会下画坑	117.721	30.291	669	273	13.0	400	7	6	无
30235	皂荚	*Gleditsia sinensis* Lam.	豆科皂荚属	七都镇八棚村委会下画坑	117.721	30.291	664	263	25.0	330	10	7	树干基部萌发2株
30236	豹皮樟	*Litsea coreana* var. *sinensis* (C. K. Allen) Yen C. Yang et P. H. Huang	樟科木姜子属	七都镇八棚村委会下画坑	117.721	30.291	699	123	21.0	150	7	8	无

编号	树种	学名	科/属	地点	横坐标	纵坐标	海拔 (m)	估测树龄 (年)	树高 (m)	胸围 (cm)	冠幅 (m) 东西	冠幅 (m) 南北	特殊状况描述
30237	红果冬青	Ilex corallina Franch.	冬青科冬青属	七都镇八棚村委会下画坑	117.721	30.291	675	133	14.0	140	8	8	无
30238	三角枫	Acer buergerianum Miq.	槭树科槭属	七都镇八棚村委会下画坑	117.721	30.291	667	123	12.0	150	9	9	无
30239	玉兰	Yulania denudata (Desr.) D. L. Fu	木兰科玉兰属	七都镇八棚村委会下画坑	117.721	30.292	667	100	17.0	215	9	10	无
30240	黄檀	Dalbergia hupeana Hance	豆科黄檀属	七都镇八棚村委会下画坑	117.721	30.291	646	153	18.0	155	4	6	无
30241	圆柏	Juniperus chinensis L.	柏科刺柏属	七都镇八棚村委会下画坑	117.721	30.292	683	130	10.0	125	4	5	无
30242	豹皮樟	Litsea coreana var. sinensis (C. K. Allen) Yen C. Yang et P. H. Huang	樟科木姜子属	七都镇八棚村委会下画坑	117.721	30.292	698	150	11.0	140	8	7	无
30243	枫香树	Liquidambar formosana Hance	金缕梅科枫香属	七都镇八棚村委会下画坑	117.721	30.291	640	190	20.0	270	12	11	无
30244	圆柏	Juniperus chinensis L.	柏科刺柏属	七都镇八棚村委会下画坑	117.721	30.291	650	200	10.0	150	6	6	无
30245	圆柏	Juniperus chinensis L.	柏科刺柏属	七都镇八棚村委会下画坑	117.721	30.292	668	120	8.0	110	4	4	无
30246	黄檀	Dalbergia hupeana Hance	豆科黄檀属	七都镇八棚村委会下画坑	117.721	30.291	696	120	17.0	160	5	7	无
30247	圆柏	Juniperus chinensis L.	柏科刺柏属	七都镇八棚村委会下画坑	117.721	30.291	690	120	6.0	115	4	4	树干断梢
30248	槐树	Sophora japonica L.	豆科槐属	七都镇八棚村委会下画坑	117.721	30.291	690	150	15.0	185	9	10	无
30249	枫香树	Liquidambar formosana Hance	金缕梅科枫香属	七都镇八棚村委会下画坑	117.722	30.291	700	130	22.0	253	9	8	树干基部空心,倾斜
30250	槐树	Sophora japonica L.	豆科槐属	七都镇八棚村委会下画坑	117.722	30.291	704	150	17.0	245	9	9	无
30251	银杏	Ginkgo biloba L.	银杏科银杏属	七都镇八棚村委会画坑	117.721	30.289	708	100	21.0	155	6	8	无
30252	玉兰	Yulania denudata (Desr.) D. L. Fu	木兰科玉兰属	七都镇八棚村委会上画坑水口	117.721	30.289	709	180	8.0	195	3	4	2.5 m以下空心枯死

编号	树种	学名	科、属	地点	横坐标	纵坐标	海拔(m)	估测树龄(年)	树高(m)	胸围(cm)	冠幅(m) 东西	冠幅(m) 南北	特殊状况描述
30253	枫香树	*Liquidambar formosana* Hance	金缕梅科枫香属	七都镇八棚村委会上画坑水口	117.721	30.289	722	203	24.0	260	9	8	无
30254	枫香树	*Liquidambar formosana* Hance	金缕梅科枫香属	七都镇八棚村委会上画坑水口	117.721	30.289	719	263	24.0	260	15	15	无
30255	君迁子	*Diospyros lotus* L.	柿树科柿属	七都镇八棚村委会上画坑(屋后)	117.723	30.289	738	150	15.0	145	9	13	无
30256	圆柏	*Juniperus chinensis* L.	柏科刺柏属	七都镇八棚村委会上画坑(屋后)	117.722	30.289	737	200	13.0	80	3	4	无
30257	红果冬青	*Ilex corallina* Franch.	冬青科冬青属	七都镇八棚村委会上画坑(屋后)	114.605	30.269	737	200	17.0	186	15	11	无
30258	圆柏	*Juniperus chinensis* L.	柏科刺柏属	七都镇八棚村委会上画坑(屋后)	117.099	30.291	737	200	12.0	124	4	4	无
30259	黄连木	*Pistacia chinensis* Bunge	漆树科黄连木属	七都镇八棚村委会上画坑(屋后)	117.723	30.289	739	150	16.0	154	13	11	无
30260	豹皮樟	*Litsea coreana* var. *sinensis* (C. K. Allen) Yen C. Yang et P. H. Huang	樟科木姜子属	七都镇八棚村委会上画坑(屋后)	117.723	30.289	740	100	9.0	110	7	5	无
30261	圆柏	*Juniperus chinensis* L.	柏科刺柏属	七都镇八棚村委会上画坑(屋后)	117.723	30.289	741	220	13.0	130	6	6	树干2.5m处分杈
30262	圆柏	*Juniperus chinensis* L.	柏科刺柏属	七都镇八棚村委会上画坑(屋后)	117.723	30.289	742	220	14.0	120	6	5	无
30263	银杏	*Ginkgo biloba* L.	银杏科银杏属	七都镇八棚村委会上画坑	117.723	30.29	728	110	15.0	164	8	8	基部1m处萌生1株
30264	枫香树	*Liquidambar formosana* Hance	金缕梅科枫香属	七都镇八棚村委会上画坑(来垅山)	117.722	30.29	718	160	24.0	240	14	15	无

编号	树种	学名	科/属	地点	横坐标	纵坐标	海拔(m)	估测树龄(年)	树高(m)	胸围(cm)	冠幅(m) 东西	冠幅(m) 南北	特殊状况描述
30265	圆柏	Juniperus chinensis L.	柏科刺柏属	七都镇八棚村委会上画坑(米垅山)	117.722	30.29	725	200	11.0	165	6	4	无
30266	圆柏	Juniperus chinensis L.	柏科刺柏属	七都镇八棚村委会上画坑(米垅山)	117.722	30.289	713	180	11.0	110	6	5	无
30267	玉兰	Yulania denudata (Desr.) D. L. Fu	木兰科玉兰属	七都镇八棚村委会上画坑(米垅山)	117.722	30.289	715	150	15.0	200	5	5	无
30268	玉兰	Yulania denudata (Desr.) D. L. Fu	木兰科玉兰属	七都镇八棚村委会上画坑(米垅山)	117.721	30.29	724	150	16.0	150	7	5	无
30269	黄檀	Dalbergia hupeana Hance	豆科黄檀属	七都镇八棚村委会上画坑(米垅山)	117.722	30.29	720	150	18.0	152	9	7	树干5 m处分杈
30270	玉兰	Yulania denudata (Desr.) D. L. Fu	木兰科玉兰属	七都镇八棚村委会上画坑(米垅山)	117.722	30.29	726	120	13.0	120	4	4	无
30271	玉兰	Yulania denudata (Desr.) D. L. Fu	木兰科玉兰属	七都镇八棚村委会上画坑(米垅山)	117.722	30.29	726	200	17.0	176	6	7	树干6 m处分杈
30272	玉兰	Yulania denudata (Desr.) D. L. Fu	木兰科玉兰属	七都镇八棚村委会上画坑(米垅山)	117.722	30.29	738	150	16.0	128	8	8	无
30273	玉兰	Yulania denudata (Desr.) D. L. Fu	木兰科玉兰属	七都镇八棚村委会上画坑(米垅山)	117.722	30.29	738	200	18.0	157	8	8	无
30274	枫香树	Liquidambar formosana Hance	金缕梅科枫香属	七都镇八棚村委会上画坑(米垅山)	117.722	30.29	723	150	21.0	170	9	9	无
30275	皂荚	Gleditsia sinensis Lam.	豆科皂荚属	七都镇八棚村委会上画坑(米垅山)	117.722	30.289	729	200	17.0	167	7	7	无
30276	玉兰	Yulania denudata (Desr.) D. L. Fu	木兰科玉兰属	七都镇八棚村委会上画坑(米垅山)	117.722	30.289	729	150	14.0	165	6	6	无
30277	玉兰	Yulania denudata (Desr.) D. L. Fu	木兰科玉兰属	七都镇八棚村委会上画坑(米垅山)	117.722	30.289	730	180	15.0	138	5	7	无

编号	树种	学名	科,属	地点	横坐标	纵坐标	海拔(m)	估测树龄(年)	树高(m)	胸围(cm)	冠幅(m) 东西	冠幅(m) 南北	特殊状况描述
30278	黄连木	Pistacia chinensis Bunge	漆树科黄连木属	七都镇八棚村委会上画坑	117.721	30.289	723	200	18.0	200	9	8	无
30279	山茱萸	Cornus officinalis Sieb. et Zucc.	山茱萸科山茱萸属	七都镇八棚村委会上画坑	117.722	30.288	736	280	7.0	150	8	7	无
30280	枫香树	Liquidambar formosana Hance	金缕梅科枫香属	七都镇七井村委会石壁下	117.7	30.004	540	210	25.0	300	11	10	无
30281	石楠	Photinia serratifolia (Desf.) Kalkman	蔷薇科石楠属	七都镇七井村委会石壁下	117.7	30.267	557	260	16.0	140	10	12	无
30282	枫香树	Liquidambar formosana Hance	金缕梅科枫香属	七都镇七井村委会石壁下	117.7	30.267	559	200	23.0	260	8	9	无
30283	枫香树	Liquidambar formosana Hance	金缕梅科枫香属	七都镇七井村委会石壁下	117.7	30.267	551	110	26.0	240	9	9	无
30284	枫香树	Liquidambar formosana Hance	金缕梅科枫香属	七都镇七井村委会老七井政府屋后	117.698	30.269	537	210	20.0	150	9	10	无
30285	圆柏	Juniperus chinensis L.	柏科刺柏属	七都镇七井村委会中学庙边	117.695	30.269	528	150	14.0	120	5	5	无
30286	圆柏	Juniperus chinensis L.	柏科刺柏属	七都镇七井村委会中学庙边	117.695	30.269	528	150	13.0	96	2	3	无
30287	圆柏	Juniperus chinensis L.	柏科刺柏属	七都镇七井村委会中学庙边	117.695	30.269	520	150	13.0	120	5	5	无
30288	圆柏	Juniperus chinensis L.	柏科刺柏属	七都镇七井村委会中学庙边	117.695	30.004	526	150	14.0	86	3	3	无
30289	银杏	Ginkgo biloba L.	银杏科银杏属	七都镇伍村村委会中洪谷(竹林)	117.729	30.309	771	100	21.0	146	4	6	无
30290	银杏	Ginkgo biloba L.	银杏科银杏属	七都镇伍村村委会外洪谷	117.728	30.309	765	100	16.0	107	12	8	老树桩萌生3株
30291	银杏	Ginkgo biloba L.	银杏科银杏属	七都镇伍村村委会外洪谷	117.728	30.309	768	100	20.0	138	4	8	老树桩萌生2株
30292	银杏	Ginkgo biloba L.	银杏科银杏属	七都镇伍村村委会外洪谷	117.727	30.005	761	100	23.0	203	12	14	老树桩萌生3株

编号	树种	学名	科/属	地点	横坐标	纵坐标	海拔(m)	估测树龄(年)	树高(m)	胸围(cm)	冠幅(m) 东西	冠幅(m) 南北	特殊状况描述
30293	银杏	Ginkgo biloba L.	银杏科银杏属	七都镇伍村村委会外洪咎	117.726	30.309	787	100	20.0	105	4	6	无
30294	银杏	Ginkgo biloba L.	银杏科银杏属	七都镇伍村村委会外洪咎	117.726	30.309	793	100	20.0	132	7	8	无
30295	银杏	Ginkgo biloba L.	银杏科银杏属	七都镇伍村村委会外洪咎	117.726	30.31	793	100	20.0	148	9	8	无
30296	银杏	Ginkgo biloba L.	银杏科银杏属	七都镇伍村村委会外洪咎	117.726	30.005	770	100	20.0	169	9	9	无
30297	银杏	Ginkgo biloba L.	银杏科银杏属	七都镇伍村村委会外洪中咎	117.726	30.31	774	100	18.0	94	7	7	无
30298	银杏	Ginkgo biloba L.	银杏科银杏属	七都镇伍村村委会外洪咎	117.726	30.309	786	100	21.0	122	6	6	无
30299	银杏	Ginkgo biloba L.	银杏科银杏属	七都镇伍村村委会外洪咎	117.726	30.005	775	100	20.0	133	6	6	无
30300	银杏	Ginkgo biloba L.	银杏科银杏属	七都镇伍村村委会外洪咎	117.726	30.309	772	100	15.0	118	5	5	无
30301	银杏	Ginkgo biloba L.	银杏科银杏属	七都镇伍村村委会外洪咎	117.726	30.309	772	100	17.0	85	5	5	无
30302	银杏	Ginkgo biloba L.	银杏科银杏属	七都镇伍村村委会外洪咎(沟边)	117.726	30.309	761	100	10.0	125	6	5	无
30303	皂荚	Gleditsia sinensis Lam.	豆科皂荚属	七都镇伍村村委会水口	117.726	30.309	755	100	19.0	190	11	9	无
30304	皂荚	Gleditsia sinensis Lam.	豆科皂荚属	七都镇伍村村委会水口	117.725	30.309	765	110	15.0	155	8	8	无
30305	银杏	Ginkgo biloba L.	银杏科银杏属	七都镇伍村村委会水口	117.725	30.309	768	100	10.0	72	5	5	无
30306	银杏	Ginkgo biloba L.	银杏科银杏属	七都镇伍村村委会阳边	117.701	30.318	745	100	17.0	150	8	11	树干萌发6株
30307	皂荚	Gleditsia sinensis Lam.	豆科皂荚属	七都镇伍村村委会阳边	117.699	30.317	750	150	21.0	260	16	16	树干2.1m处分权
30308	银杏	Ginkgo biloba L.	银杏科银杏属	七都镇伍村村委会阴边垄上	117.699	30.317	748	100	19.0	200	9	9	1.5m处分2权
30309	银杏	Ginkgo biloba L.	银杏科银杏属	七都镇伍村村委会阴边垄上	117.698	30.317	742	160	16.0	200	9	10	无
30310	银杏	Ginkgo biloba L.	银杏科银杏属	七都镇伍村村委会阴边垄上	117.698	30.317	750	190	20.0	350	12	10	无

编号	树种	学名	科/属	地点	横坐标	纵坐标	海拔(m)	估测树龄(年)	树高(m)	胸围(cm)	冠幅(m) 东西	冠幅(m) 南北	特殊状况描述
30311	山茱萸	Cornus officinalis Sieb. et Zucc.	山茱萸科山茱萸属	七都镇伍村村委会阴边垄上	117.698	30.317	747	110	8.0	80	11	7	无
30312	银杏	Ginkgo biloba L.	银杏科银杏属	七都镇伍村村委会阴边垄上	117.698	30.317	741	120	18.0	170	12	12	无
30313	银杏	Ginkgo biloba L.	银杏科银杏属	七都镇伍村村委会阴边垄上	117.698	30.317	749	100	19.0	145	9	8	无
30314	银杏	Ginkgo biloba L.	银杏科银杏属	七都镇伍村村委会阴边垄上	117.698	30.317	750	100	24.0	160	12	8	无
30315	银杏	Ginkgo biloba L.	银杏科银杏属	七都镇伍村村委会阴边垄上	117.698	30.317	742	100	18.0	210	13	11	基部萌发3株
30316	银杏	Ginkgo biloba L.	银杏科银杏属	七都镇伍村村委会阴边垄上	117.698	30.317	745	100	17.0	160	10	12	基部萌发2株
30317	银杏	Ginkgo biloba L.	银杏科银杏属	七都镇伍村村委会阴边垄上	117.698	30.317	751	100	22.0	160	11	12	无
30318	银杏	Ginkgo biloba L.	银杏科银杏属	七都镇伍村村委会阴边垄上	117.697	30.318	760	100	18.0	106	13	13	基部分3株
30319	银杏	Ginkgo biloba L.	银杏科银杏属	七都镇伍村村委会阴边垄上	117.698	30.318	760	100	19.0	127	12	9	无
30320	银杏	Ginkgo biloba L.	银杏科银杏属	七都镇伍村村委会阴边垄上	117.698	30.318	754	100	16.0	102	11	8	无
30321	银杏	Ginkgo biloba L.	银杏科银杏属	七都镇伍村村委会阴边垄上	117.698	30.317	751	100	16.0	140	9	10	无
30322	银杏	Ginkgo biloba L.	银杏科银杏属	七都镇伍村村委会阴边(田边)	117.696	30.317	744	100	14.0	200	8	9	无
30323	石楠	Photinia serratifolia (Desf.) Kalkman	蔷薇科石楠属	七都镇伍村村委会陈村	117.671	30.298	531	200	16.0	180	7	9	无
30324	黄连木	Pistacia chinensis Bunge	槭树科黄连木属	七都镇伍村村委会陈村屋后(水口)	117.685	30.304	683	150	16.0	250	12	10	无
30325	皂荚	Gleditsia sinensis Lam.	豆科皂荚属	七都镇伍村村委会陈村田边	117.684	30.303	673	100	18.0	155	8	8	无
30326	山茱萸	Cornus officinalis Sieb. et Zucc.	山茱萸科山茱萸属	七都镇伍村村委会陈村田边	117.684	30.303	680	200	7.0	257	11	11	树干50cm处分2杈

编号	树种	学名	科、属	地点	横坐标	纵坐标	海拔(m)	估测树龄(年)	树高(m)	胸围(cm)	冠幅(m) 东西	冠幅(m) 南北	特殊状况描述
30327	黄连木	Pistacia chinensis Bunge	漆树科黄连木属	七都镇伍村村委会陈村屋后(水口)	117.685	30.304	685	200	17.0	260	14	13	无
30328	枫香树	Liquidambar formosana Hance	金缕梅科枫香属	七都镇伍村村委会陈村屋后(水口)	117.685	30.304	688	200	25.0	220	13	15	无
30329	枫香树	Liquidambar formosana Hance	金缕梅科枫香属	七都镇伍村村委会陈村屋后(水口)	117.685	30.304	700	150	19.0	176	14	9	无
30330	圆柏	Juniperus chinensis L.	柏科刺柏属	七都镇伍村村委会陈村屋后(水口)	117.685	30.304	698	180	13.0	167	5	5	无
30331	黄连木	Pistacia chinensis Bunge	漆树科黄连木属	七都镇伍村村委会陈村屋后(水口)	117.685	30.304	697	260	18.0	317	12	14	无
30332	圆柏	Juniperus chinensis L.	柏科刺柏属	七都镇伍村村委会陈村屋后(水口)	117.685	30.304	695	150	14.0	120	5	6	无
30333	黄连木	Pistacia chinensis Bunge	漆树科黄连木属	七都镇伍村村委会陈村屋后(水口)	117.685	30.304	700	200	16.0	250	8	8	无
30334	刺榆	Hemiptelea davidii (Hance) Planch.	榆科刺榆属	七都镇伍村村委会陈村屋后(水口)	117.686	30.304	702	150	14.0	130	8	6	无
30335	皂荚	Gleditsia sinensis Lam.	豆科皂荚属	七都镇伍村村委会柯家	117.699	30.308	735	150	18.0	190	12	15	无
30336	圆柏	Juniperus chinensis L.	柏科刺柏属	七都镇伍村村委会谢家南边	117.701	30.311	739	190	7.0	160	5	7	树体向前倾斜
30337	山茱萸	Cornus officinalis Sieb. et Zucc.	山茱萸科山茱萸属	七都镇伍村村委会沈少华门口	117.719	30.314	706	210	9.0	240	9	9	无
30338	麻栎	Quercus acutissima Carruth.	壳斗科栎属	七都镇伍村村委会铙墩	117.721	30.311	731	200	22.0	260	16	14	无
30339	槐树	Sophora japonica L.	豆科槐属	七都镇伍村村委会铙墩	117.721	30.311	728	200	17.0	280	14	15	无
30340	银杏	Ginkgo biloba L.	银杏科银杏属	七都镇伍村村委会铙墩	117.721	30.312	730	100	18.0	100	9	9	树桩萌发2株
30341	银杏	Ginkgo biloba L.	银杏科银杏属	七都镇伍村村委会叶家	117.71	30.295	564	290	24.0	320	18	16	无

编号	树种	学名	科、属	地点	横坐标	纵坐标	海拔(m)	估测树龄(年)	树高(m)	胸围(cm)	冠幅(m) 东西	冠幅(m) 南北	特殊状况描述
30342	银杏	Ginkgo biloba L.	银杏科银杏属	七都镇伍村村委会叶家	117.71	30.295	567	100	19.0	170	15	16	无
30343	银杏	Ginkgo biloba L.	银杏科银杏属	七都镇伍村村委会叶家	117.71	30.295	575	100	18.0	100	14	12	无
30344	银杏	Ginkgo biloba L.	银杏科银杏属	七都镇伍村村委会叶家	117.71	30.295	578	100	17.0	147	11	9	无
30345	银杏	Ginkgo biloba L.	银杏科银杏属	七都镇伍村村委会叶家	117.71	30.295	565	100	16.0	136	12	12	无
30346	银杏	Ginkgo biloba L.	银杏科银杏属	七都镇伍村村委会叶家	117.709	30.295	565	100	22.0	200	9	8	无
30347	银杏	Ginkgo biloba L.	银杏科银杏属	七都镇伍村村委会叶家	117.708	30.295	556	100	21.0	128	10	10	无
30348	银杏	Ginkgo biloba L.	银杏科银杏属	七都镇伍村村委会叶家后山	117.709	30.295	580	100	21.0	136	9	10	树基部萌发3株
30349	银杏	Ginkgo biloba L.	银杏科银杏属	七都镇伍村村委会叶家后山	117.708	30.295	580	100	22.0	128	12	13	基部萌生3株
30350	银杏	Ginkgo biloba L.	银杏科银杏属	七都镇伍村村委会叶家后山	117.709	30.294	575	100	22.0	280	12	13	基部萌生3株
30351	银杏	Ginkgo biloba L.	银杏科银杏属	七都镇伍村村委会叶家村口	117.709	30.294	568	100	16.0	190	9	9	树干50cm处分2株
30352	银杏	Ginkgo biloba L.	银杏科银杏属	七都镇八棚村村委会同乐组茶园边	117.721	30.282	804	130	23.0	380	14	14	基部萌生4株
30353	银杏	Ginkgo biloba L.	银杏科银杏属	七都镇八棚村村委会同乐组	117.722	30.281	804	200	21.0	280	13	14	无
30354	槐树	Sophora japonica L.	豆科槐属	七都镇八棚村村委会同乐组	117.721	30.28	803	200	17.0	290	16	15	1.3 m处东侧枝枯死
30355	圆柏	Juniperus chinensis L.	柏科刺柏属	七都镇七井村村委会来垅山(丰岭头)	117.713	30.273	784	200	18.0	150	4	4	1.5 m处北侧空心
30356	圆柏	Juniperus chinensis L.	柏科刺柏属	七都镇七井村村委会来垅山(丰岭头)	117.713	30.273	782	200	19.0	140	5	7	2.5 m处北侧空心

编号	树种	学名	地点	科/属	横坐标	纵坐标	海拔(m)	估测树龄(年)	树高(m)	胸围(cm)	冠幅(m)东西	冠幅(m)南北	特殊状况描述
30357	槐树	Sophora japonica L.	七都镇七井村委会来垅山(丰岭头)	豆科槐属	117.713	30.273	780	200	21.0	190	16	14	无
30358	银杏	Ginkgo biloba L.	七都镇七井村委会丰岭头村口	银杏科银杏属	117.705	30.273	775	150	17.0	190	13	15	无
30359	三角枫	Acer buergerianum Miq.	七都镇七井村委会丰岭头村口	槭树科槭属	117.713	30.273	761	150	24.0	150	9	9	无
30360	银杏	Ginkgo biloba L.	七都镇七井村委会丰岭头村口	银杏科银杏属	117.713	30.273	755	150	26.0	182	13	13	无
30361	黄连木	Pistacia chinensis Bunge	七都镇七井村委会丰岭头村口	槭树科黄连木属	117.713	30.273	771	150	22.0	210	8	12	无
30362	圆柏	Juniperus chinensis L.	七都镇七井村委会丰岭头村口	柏科刺柏属	117.713	30.273	763	150	15.0	110	5	5	树干北侧2m以上有枯烂
30363	圆柏	Juniperus chinensis L.	七都镇七井村委会丰岭头	柏科刺柏属	117.713	30.273	763	200	17.0	140	6	6	树干3.3m处分两杈
30364	银杏	Ginkgo biloba L.	七都镇七井村委会黄水坑	银杏科银杏属	117.723	30.253	773	100	17.0	130	9	15	根部萌生2株
30365	银杏	Ginkgo biloba L.	七都镇七井村委会黄水坑庙边	银杏科银杏属	117.723	30.253	778	100	20.0	148	8	14	无
30366	银杏	Ginkgo biloba L.	七都镇七井村委会葡萄丗	银杏科银杏属	117.718	30.256	748	100	25.0	150	14	6	无
30367	银杏	Ginkgo biloba L.	七都镇七井村委会葡萄丗	银杏科银杏属	117.719	30.256	750	100	24.0	287	11	13	无
30368	圆柏	Juniperus chinensis L.	七都镇七井村委会前村	柏科刺柏属	117.723	30.262	754	260	16.0	108	6	6	无
30369	圆柏	Juniperus chinensis L.	七都镇七井村委会前村	柏科刺柏属	117.723	30.262	750	260	17.0	114	7	7	无
30370	圆柏	Juniperus chinensis L.	七都镇七井村委会前村	柏科刺柏属	117.723	30.262	759	260	14.0	112	6	7	无
30371	银杏	Ginkgo biloba L.	七都镇七井村委会前村(柏枝树)	银杏科银杏属	117.727	30.266	747	100	23.0	142	8	9	无

编号	树种	学名	科、属	地点	横坐标	纵坐标	海拔(m)	估测树龄(年)	树高(m)	胸围(cm)	冠幅(m)东西	冠幅(m)南北	特殊状况描述
30372	银杏	Ginkgo biloba L.	银杏科银杏属	七都镇七井村村委会前村(柏枝树)	117.727	30.266	747	100	22.0	113	10	8	无
30373	圆柏	Juniperus chinensis L.	柏科刺柏属	七都镇七井村村委会柏枝树	117.727	30.266	734	200	15.0	101	6	5	无
30374	圆柏	Juniperus chinensis L.	柏科刺柏属	七都镇七井村村委会柏枝树	117.727	30.266	738	200	17.0	122	7	7	无
30375	圆柏	Juniperus chinensis L.	柏科刺柏属	七都镇七井村村委会柏枝树	117.727	30.266	739	200	16.0	115	4	6	无
30376	圆柏	Juniperus chinensis L.	柏科刺柏属	七都镇七井村村委会柏枝树	117.727	30.266	742	200	16.0	106	4	3	无
30377	皂荚	Gleditsia sinensis Lam.	豆科皂荚属	七都镇七井村村委会柏枝树	117.728	30.266	740	160	18.0	207	14	16	树干1.5 m处分两杈
30378	银杏	Ginkgo biloba L.	银杏科银杏属	七都镇七井村村委会柏枝树(后山)	117.727	30.266	750	100	17.0	108	9	9	无
30379	银杏	Ginkgo biloba L.	银杏科银杏属	七都镇七井村村委会柏枝树(屋后)	117.727	30.266	748	100	18.0	155	10	12	无
30380	银杏	Ginkgo biloba L.	银杏科银杏属	七都镇七井村村委会柏枝树(屋后)	117.727	30.266	756	100	17.0	100	7	8	无
30381	银杏	Ginkgo biloba L.	银杏科银杏属	七都镇七井村村委会柏枝树(屋后)	117.727	30.266	756	100	17.0	91	7	7	无
30382	银杏	Ginkgo biloba L.	银杏科银杏属	七都镇七井村村委会柏枝树(屋后)	117.727	30.266	749	100	20.0	138	10	10	无
30383	银杏	Ginkgo biloba L.	银杏科银杏属	七都镇七井村村委会柏枝树(路边)	117.727	30.267	743	100	17.0	108	10	8	无
30384	银杏	Ginkgo biloba L.	银杏科银杏属	七都镇七井村村委会柏枝树(路边)	117.727	30.267	736	100	16.0	93	9	9	无
30385	圆柏	Juniperus chinensis L.	柏科刺柏属	七都镇七井村村委会张村水口	117.723	30.276	654	100	18.0	120	6	6	无
30386	圆柏	Juniperus chinensis L.	柏科刺柏属	七都镇七井村村委会张村水口	117.723	30.276	655	100	17.0	100	6	6	无
30387	圆柏	Juniperus chinensis L.	柏科刺柏属	七都镇七井村村委会张村水口	117.723	30.276	655	160	17.0	110	3	4	无

编号	树种	学名	科、属	地点	横坐标	纵坐标	海拔(m)	估测树龄(年)	树高(m)	胸围(cm)	冠幅(m) 东西	南北	特殊状况描述
30388	枫香树	Liquidambar formosana Hance	金缕梅科枫香属	七都镇七井村委会张村组屋后	117.722	30.276	654	150	23.0	250	9	9	无
30389	银杏	Ginkgo biloba L.	银杏科银杏属	七都镇七井村委会下老鸭田	117.709	30.266	695	100	24.0	132	9	9	基部萌发2株
30390	豹皮樟	Litsea coreana var. sinensis (C. K. Allen) Yen C. Yang et P. H. Huang	樟科木姜子属	七都镇七井村委会阴边	117.706	30.289	540	100	13.0	125	11	9	无
30391	圆柏	Juniperus chinensis L.	柏科刺柏属	七都镇七井村委会阴边	117.706	30.289	543	200	16.0	123	6	6	无
30392	枫香树	Liquidambar formosana Hance	金缕梅科枫香属	七都镇七井村委会阴边	117.705	30.288	548	210	28.0	280	18	16	无
30393	三角枫	Acer buergerianum Miq.	槭树科槭属	七都镇七井村委会阴边水口	117.71	30.287	565	200	24.0	210	13	13	无
30394	圆柏	Juniperus chinensis L.	柏科刺柏属	七都镇七井村委会阴边水口	117.71	30.287	567	200	19.0	110	3	3	无
30395	圆柏	Juniperus chinensis L.	柏科刺柏属	七都镇七井村委会阴边水口	117.71	30.287	583	200	20.0	128	5	5	无
30396	枫香树	Liquidambar formosana Hance	金缕梅科枫香属	七都镇七井村委会张家水口	117.692	30.288	398	200	22.0	260	11	9	无
30397	枫香树	Liquidambar formosana Hance	金缕梅科枫香属	七都镇七井村委会张家水口	117.692	30.288	398	240	23.0	320	18	16	无
30398	皂荚	Gleditsia sinensis Lam.	豆科皂荚属	七都镇七井村委会张家水口	117.692	30.288	399	110	22.0	185	16	14	无
30399	皂荚	Gleditsia sinensis Lam.	豆科皂荚属	七都镇七井村委会张家水口	117.692	30.288	399	180	21.0	265	11	13	2014年死亡
30400	银杏	Ginkgo biloba L.	银杏科银杏属	七都镇七井村委会同家岩	117.703	30.282	562	100	18.0	180	15	15	无
30401	黄连木	Pistacia chinensis Bunge	漆树科黄连木属	七都镇七井村委会岳岭头	117.699	30.246	693	150	18.0	160	11	13	无
30402	石楠	Photinia serratifolia (Desf.) Kalkman	蔷薇科石楠属	七都镇七井村委会岳岭头	117.699	30.246	694	150	16.0	130	16	17	无

编号	树种	学名	科、属	地点	横坐标	纵坐标	海拔(m)	估测树龄(年)	树高(m)	胸围(cm)	冠幅(m) 东西	冠幅(m) 南北	特殊状况描述
30403	银杏	Ginkgo biloba L.	银杏科银杏属	七都镇七井村村委会岳岭头水口（竹林）	117.697	30.247	684	200	18.0	195	14	10	老树桩萌生3株
30404	银杏	Ginkgo biloba L.	银杏科银杏属	七都镇七井村村委会岳岭头水口（竹林）	117.697	30.247	684	100	20.0	490	12	10	无
30405	石楠	Photinia serratifolia (Desf.) Kalkman	蔷薇科石楠属	七都镇七井村村委会石里	117.694	30.257	489	160	15.0	154	7	10	修路造成部分根系裸露
30406	黄连木	Pistacia chinensis Bunge	漆树科黄连木属	七都镇七井村村委会石里	117.694	30.256	492	210	23.0	275	5	8	无
30407	朴树	Celtis sinensis Pers.	榆科朴树属	七都镇七井村村委会石里	117.694	30.256	478	260	22.0	238	10	8	无
30408	枫香树	Liquidambar formosana Hance	金缕梅科枫香属	七都镇七井村村委会石里（水口）	117.695	30.256	495	260	30.0	287	8	8	无
30409	黄连木	Pistacia chinensis Bunge	漆树科黄连木属	七都镇七井村村委会石里	117.694	30.256	497	100	14.0	144	8	10	无
30410	石楠	Photinia serratifolia (Desf.) Kalkman	蔷薇科石楠属	七都镇七井村村委会石里	117.694	30.256	497	100	15.0	102	14	12	无
30411	圆柏	Juniperus chinensis L.	柏科刺柏属	七都镇七井村村委会石里	117.694	30.256	497	200	22.0	173	7	10	无
30412	黄连木	Pistacia chinensis Bunge	漆树科黄连木属	七都镇七井村村委会石里	117.694	30.256	490	100	16.0	155	10	6	无
30413	银杏	Ginkgo biloba L.	银杏科银杏属	七都镇七井村村委会石里	117.694	30.256	495	100	15.0	76	7	6	无
30414	圆柏	Juniperus chinensis L.	柏科刺柏属	七都镇七井村村委会石里	117.694	30.256	490	100	15.0	92	4	4	无
30415	黄檀	Dalbergia hupeana Hance	豆科黄檀属	七都镇七井村村委会石里	117.694	30.257	481	150	23.0	123	12	10	无
30416	枫香树	Liquidambar formosana Hance	金缕梅科枫香属	七都镇七井村村委会石里	117.693	30.258	480	200	30.0	242	16	18	无
30417	黄连木	Pistacia chinensis Bunge	漆树科黄连木属	七都镇七井村村委会石里（公路上方）	117.693	30.258	497	100	18.0	166	12	10	无

编号	树种	学名	科、属	地点	横坐标	纵坐标	海拔(m)	估测树龄(年)	树高(m)	胸围(cm)	冠幅(m) 东西	冠幅(m) 南北	特殊状况描述
30418	化香树	Platycarya strobilacea Siebold et Zucc.	胡桃科化香树属	七都镇七井村村委会乱石里	117.693	30.258	499	150	16.0	156	10	8	无
30419	圆柏	Juniperus chinensis L.	柏科刺柏属	七都镇七井村村委会乱石里	117.693	30.258	502	150	14.0	97	8	6	无
30420	枫香树	Liquidambar formosana Hance	金缕梅科枫香属	七都镇七井村村委会乱石里(未垅山)	117.693	30.257	503	150	21.0	250	9	10	无
30421	白栎	Quercus fabri Hance	壳斗科栎属	七都镇七井村村委会乱石里	117.693	30.258	506	150	18.0	162	12	10	无
30422	黄连木	Pistacia chinensis Bunge	漆树科黄连木属	七都镇七井村村委会乱石里	117.693	30.258	504	210	24.0	200	10	14	无
30423	黄连木	Pistacia chinensis Bunge	漆树科黄连木属	七都镇七井村村委会乱石里	117.693	30.258	505	200	30.0	190	10	12	无
30424	黄连木	Pistacia chinensis Bunge	漆树科黄连木属	七都镇七井村村委会明丰甘坑头	117.683	30.241	546	200	20.0	320	9	12	树干8 m处分杈，一杆锯断
30425	朴树	Celtis sinensis Pers.	榆科朴树属	七都镇七井村村委会明丰甘坑头	117.683	30.241	540	200	16.0	250	10	14	无
30426	银杏	Ginkgo biloba L.	银杏科银杏属	七都镇七井村村委会明丰甘坑头	117.683	30.241	540	100	14.0	40	8	8	老树桩萌生2株
30427	银杏	Ginkgo biloba L.	银杏科银杏属	七都镇七井村村委会明丰甘坑头	117.682	30.24	538	100	20.0	150	9	11	老树桩萌生5株
30428	银杏	Ginkgo biloba L.	银杏科银杏属	七都镇七井村村委会明丰叶家	117.686	30.243	490	100	19.0	90	8	9	无
30429	银杏	Ginkgo biloba L.	银杏科银杏属	七都镇七井村村委会明丰叶家	117.686	30.244	495	100	16.0	70	5	6	无
30430	珊瑚朴	Celtis julianae C. K. Schneid. in Sarg.	榆科朴树属	七都镇七井村村委会银坑风形	117.687	30.249	469	200	23.0	220	9	10	无
30431	黄檀	Dalbergia hupeana Hance	豆科黄檀属	七都镇七井村村委会银坑风形	117.687	30.249	460	200	26.0	160	10	12	无
30432	黄连木	Pistacia chinensis Bunge	漆树科黄连木属	七都镇七井村村委会银坑龟形	117.688	30.249	489	200	20.0	310	12	12	无

编号	树种	学名	地点	横坐标	纵坐标	海拔(m)	估测树龄(年)	树高(m)	胸围(cm)	冠幅(m) 东西	南北	特殊状况描述
30433	白栎	Quercus fabri Hance	七都镇七井村村委会银坑龟形	117.688	30.249	490	200	21.0	200	6	6	无
30434	白栎	Quercus fabri Hance	七都镇七井村村委会银坑龟形	117.688	30.249	490	200	18.0	210	8	10	无
30435	白栎	Quercus fabri Hance	七都镇七井村村委会银坑龟形	117.688	30.249	500	200	11.0	210	7	7	无
30436	白栎	Quercus fabri Hance	七都镇七井村村委会银坑龟形	117.688	30.249	496	200	19.0	230	9	10	无
30437	白栎	Quercus fabri Hance	七都镇七井村村委会银坑龟形	117.688	30.249	494	200	18.0	190	8	8	无
30438	白栎	Quercus fabri Hance	七都镇七井村村委会银坑龟形	117.688	30.249	493	200	15.0	160	8	7	无
30439	白栎	Quercus fabri Hance	七都镇七井村村委会银坑龟形	117.688	30.249	495	200	25.0	220	8	8	无
30440	白栎	Quercus fabri Hance	七都镇七井村村委会银坑龟形	117.688	30.249	503	200	10.0	230	12	10	无
30441	三角枫	Acer buergerianum Miq.	七都镇七井村村委会银坑龟形	117.687	30.249	482	200	23.0	210	8	9	无
30442	青檀	Pteroceltis tatarinowii Maxim.	七都镇七井村村委会银坑龟形	117.687	30.249	480	200	21.0	180	6	7	无
30443	三角枫	Acer buergerianum Miq.	七都镇七井村村委会甘坑水口	117.687	30.25	465	200	26.0	200	7	7	无
30444	三角枫	Acer buergerianum Miq.	七都镇七井村村委会甘坑水口	117.687	30.25	465	200	18.0	180	9	10	无
30445	银杏	Ginkgo biloba L.	七都镇七井村村委会明丰水竹坦	117.676	30.244	604	200	21.0	420	13	8	基部萌生6株
30446	黄连木	Pistacia chinensis Bunge	七都镇七井村村委会明丰水竹坦	117.676	30.244	608	200	11.0	270	6	9	基部遭雷击
30447	银杏	Ginkgo biloba L.	七都镇七井村村委会明丰水竹坦	117.676	30.244	604	200	13.0	180	5	4	无
30448	珊瑚朴	Celtis julianae C. K. Schneid. in Sarg.	七都镇七井村村委会汪家水口	117.676	30.244	606	200	30.0	270	18	16	无
30449	银杏	Ginkgo biloba L.	七都镇七井村村委会汪家水竹坦	117.676	30.244	607	100	18.0	240	13	11	无
30450	黄连木	Pistacia chinensis Bunge	七都镇七井村村委会明丰水竹坦(公路边)	117.677	30.244	592	260	18.0	420	8	9	根部分2杈

编号	树种	学名	科/属	地点	横坐标	纵坐标	海拔(m)	估测树龄(年)	树高(m)	胸围(cm)	冠幅(m) 东西	冠幅(m) 南北	特殊状况描述
30451	银杏	Ginkgo biloba L.	银杏科银杏属	七都镇七井村村委会水竹坦(公路下)	117.677	30.244	592	150	21.0	290	10	11	无
30452	银杏	Ginkgo biloba L.	银杏科银杏属	七都镇七井村村委会明丰水竹坦	117.677	30.245	592	100	20.0	420	12	11	根部萌发5株
30453	银杏	Ginkgo biloba L.	银杏科银杏属	七都镇七井村村委会水竹坦	117.677	30.245	599	100	23.0	240	8	10	无
30454	紫藤	Wisteria sinensis (Sims) Sweet	豆科紫藤属	七都镇七井村村委会济下坑	117.651	30.225	520	150	11.0	180	4	6	缠在槐树上，槐树枯死
30455	椎树	Torreya grandis Fortune ex Lindl.	红豆杉科椎树属	七都镇七井村村委会济下坑	117.651	30.226	515	200	21.0	120	6	6	树基部上侧空心
30456	枫香树	Liquidambar formosana Hance	金缕梅科枫香属	七都镇七井村村委会济下坑	117.651	30.226	517	200	28.0	320	10	11	无
30457	椎树	Torreya grandis Fortune ex Lindl.	红豆杉科椎树属	七都镇七井村村委会济下坑	117.651	30.226	511	200	12.0	140	6	8	无
30458	银杏	Ginkgo biloba L.	银杏科银杏属	七都镇七井村村委会济下坑	117.65	30.223	513	180	34.0	210	8	14	无
30459	枫香树	Liquidambar formosana Hance	金缕梅科枫香属	七都镇七井村村委会济下坑	117.652	30.225	510	160	25.0	380	11	12	分杈,基部心腐烂
30460	银杏	Ginkgo biloba L.	银杏科银杏属	七都镇七井村村委会同村	117.653	30.237	538	100	18.0	180	9	10	无
30461	圆柏	Juniperus chinensis L.	柏科刺柏属	七都镇七井村村委会茯坦	117.669	30.236	724	150	12.0	110	5	6	无
30462	圆柏	Juniperus chinensis L.	柏科刺柏属	七都镇七井村村委会茯坦	117.667	30.236	724	150	8.0	90	5	4	无
30463	槐树	Sophora japonica L.	豆科槐属	七都镇七井村村委会茯坦	117.67	30.236	720	200	21.0	250	16	10	无
30464	黄连木	Pistacia chinensis Bunge	槭树科黄连木属	七都镇七井村村委会茯坦	117.67	30.236	734	120	17.0	164	10	8	无
30465	银杏	Ginkgo biloba L.	银杏科银杏属	七都镇七井村村委会茯坦	117.669	30.235	735	150	16.0	200	14	10	树干基部萌发4株

续表

编号	树种	学名	科、属	地点	横坐标	纵坐标	海拔(m)	估测树龄(年)	树高(m)	胸围(cm)	冠幅(m)东西	冠幅(m)南北	特殊状况描述
30466	银杏	Ginkgo biloba L.	银杏科银杏属	七都镇七井村委会荻里	117.669	30.235	730	200	14.0	150	10	10	生长于石缝中
30467	银杏	Ginkgo biloba L.	银杏科银杏属	七都镇七井村委会荻里	117.668	30.236	715	200	21.0	490	14	16	基部萌发3株，长在坎上
30468	银杏	Ginkgo biloba L.	银杏科银杏属	七都镇七井村委会荻里(公路边)	117.67	30.238	702	180	16.0	300	12	14	无
30469	银杏	Ginkgo biloba L.	银杏科银杏属	七都镇七井村委会水竹坦(汪家后山)	117.675	30.244	615	150	23.0	180	14	14	无
30470	银杏	Ginkgo biloba L.	银杏科银杏属	七都镇高路亭村委会大夫地路口	117.831	30.294	176	100	22.0	130	12	17	无
30471	银杏	Ginkgo biloba L.	银杏科银杏属	七都镇高路亭村委会大夫地路口	117.831	30.294	176	120	23.0	210	9	17	无
30472	朴树	Celtis sinensis Pers.	榆科朴树属	七都镇高路亭村委会上庄(公路下)	117.701	30.324	320	210	7.0	210	3	5	4 m处开权
30473	木犀	Osmanthus fragrans (Thunb.) Lour.	木犀科木犀属	七都镇高路亭村委会七庄	117.788	30.314	248	150	11.0	172	7	9	1.7 m处分3权
30474	银杏	Ginkgo biloba L.	银杏科银杏属	七都镇高路亭村委会红庙新庄	117.794	30.307	195	100	30.0	150	5	5	无
30475	银杏	Ginkgo biloba L.	银杏科银杏属	七都镇高路亭村委会红庙新庄	117.795	30.307	219	100	24.0	180	10	12	无
30476	银杏	Ginkgo biloba L.	银杏科银杏属	七都镇高路亭村委会红庙新庄	117.795	30.307	220	100	20.0	230	12	10	无
30477	银杏	Ginkgo biloba L.	银杏科银杏属	七都镇高路亭村委会红庙新庄	117.795	30.307	235	100	26.0	250	12	14	无
30478	银杏	Ginkgo biloba L.	银杏科银杏属	七都镇高路亭村委会红庙新庄	117.796	30.306	220	100	13.0	110	6	10	无

编号	树种	学名	科.属	地点	横坐标	纵坐标	海拔(m)	估测树龄(年)	树高(m)	胸围(cm)	冠幅(m) 东西	南北	特殊状况描述
30479	银杏	Ginkgo biloba L.	银杏科银杏属	七都镇高路亭村委会下畈	117.802	30.303	195	100	21.0	180	10	12	无
30480	银杏	Ginkgo biloba L.	银杏科银杏属	七都镇高路亭村委会下畈	117.804	30.301	196	100	30.0	170	8	14	无
30481	糙叶树	Aphananthe aspera (Thunb.) Planch.	榆科糙叶树属	仙寓镇奇峰村委会汪家下畈	117.438	30.086	581	260	14.0	203	9	10	树干基部一侧枯死
30482	木犀	Osmanthus fragrans (Thunb.) Lour.	木犀科木犀属	仙寓镇奇峰村委会汪屋组	117.419	30.081	165	210	10.0	295	9	9	无
30483	枫杨	Pterocarya stenoptera C. DC.	胡桃科枫杨属	仙寓镇奇峰村委会汪屋下首	117.419	30.081	167	200	16.0	425	17	18	无
30484	女贞	Ligustrum lucidum Ait.	木犀科女贞属	仙寓镇奇峰村委会汪屋下首	117.419	30.081	160	220	16.0	410	12	13	无
30485	樟	Cinnamomum camphora (L.) Presl	樟科樟属	仙寓镇奇峰村委会汪屋下首	117.419	30.081	156	200	8.0	210	8	9	长在河沿上
30486	皂荚	Gleditsia sinensis Lam.	豆科皂荚属	仙寓镇奇峰村委会汪屋下首	117.419	30.081	144	260	17.0	224	12	13	树干5m处因枯中空
30487	圆柏	Juniperus chinensis L.	柏科刺柏属	仙寓镇奇峰村委会汪江利院边	117.414	30.09	135	210	9.0	120	6	5	石坝上,偏冠
30488	黄连木	Pistacia chinensis Bunge	漆树科黄连木属	仙寓镇奇峰村委会塘屋下首	117.414	30.096	140	290	15.0	248	7	7	无
30489	糙叶树	Aphananthe aspera (Thunb.) Planch.	榆科糙叶树属	仙寓镇奇峰村委会塘屋下首	117.414	30.096	130	280	13.0	222	10	10	紧靠河沿
30490	黄连木	Pistacia chinensis Bunge	漆树科黄连木属	仙寓镇奇峰村委会塘屋下首	117.414	30.096	132	260	16.0	184	7	8	紧靠河沿
30491	三角枫	Acer buergerianum Miq.	槭树科槭属	仙寓镇奇峰村委会塘屋下首	117.414	30.096	133	140	20.0	190	8	9	河沿边上
30492	樟	Cinnamomum camphora (L.) Presl	樟科樟属	仙寓镇南嶤村委会大河边	117.421	30.114	118	130	17.0	275	12	13	无
30493	木犀	Osmanthus fragrans (Thunb.) Lour.	木犀科木犀属	仙寓镇南嶤村委会陈国安门前	117.421	30.114	106	210	7.0	134	6	6	无

编号	树种	学名	科、属	地点	横坐标	纵坐标	海拔(m)	估测树龄(年)	树高(m)	胸围(cm)	冠幅(m) 东西	冠幅(m) 南北	特殊状况描述
30494	圆柏	Juniperus chinensis L.	柏科刺柏属	仙寓镇南源村委会踏步石	117.423	30.118	111	210	16.0	187	6	6	无
30495	樟	Cinnamomum camphora (L.) Presl	樟科樟属	仙寓镇南源村委会储家下首	117.42	30.122	123	100	12.0	190	11	12	无
30496	圆柏	Juniperus chinensis L.	柏科刺柏属	仙寓镇南源村委会储家下首	117.42	30.122	113	120	8.0	95	5	5	无
30497	细叶青冈	Quercus shennongii C. C. Huang et S. H. Fu	壳斗科栎属	仙寓镇茅坑村委会安民村口	117.267	30.023	482	130	11.0	244	10	11	无
30498	银杏	Ginkgo biloba L.	银杏科银杏属	仙寓镇茅坑村委会下坡	117.288	30.041	206	150	20.0	270	16	16	无
30499	皂荚	Gleditsia sinensis Lam.	豆科皂荚属	仙寓镇大山村委会洪村坟林坑	117.374	30.031	371	210	25.0	248	17	18	无
30500	枫香树	Liquidambar formosana Hance	金缕梅科枫香属	仙寓镇大山村委会洪村坟林坑	117.374	30.031	367	210	16.0	195	8	9	无
30501	甜槠	Castanopsis eyrei (Champ.) Tutch.	壳斗科栲属	仙寓镇大山村委会李村村口	117.373	30.026	386	210	10.0	190	7	7	无
30502	紫弹树	Celtis biondii Pamp.	榆科朴树属	仙寓镇大山村委会李村村口	117.374	30.026	385	270	16.0	218	8	9	无
30503	黄连木	Pistacia chinensis Bunge	橄榄科黄连木属	仙寓镇大山村委会李村村口	117.374	30.026	380	120	16.0	192	11	9	无
30504	枫香树	Liquidambar formosana Hance	金缕梅科枫香属	仙寓镇大山村委会李村村口	117.382	30.026	400	200	17.0	245	6	7	无
30505	大叶冬青	Ilex macrocarpa Oliv.	冬青科冬青属	仙寓镇大山村委会王村河边	117.369	30.025	310	230	13.0	180	10	11	无
30506	银杏	Ginkgo biloba L.	银杏科银杏属	仙寓镇大山村委会王村河沿	117.369	30.025	315	120	15.0	186	15	15	无
30507	紫楠	Phoebe sheareri (Hemsl.) Gamble	樟科楠属	仙寓镇大山村委会王村河沿	117.369	30.025	300	200	9.0	190	7	8	无
30508	南紫薇	Lagerstroemia subcostata Koehne	千屈菜科紫薇属	仙寓镇大山村委会王村河沿	117.369	30.025	300	130	20.0	180	9	9	无

续表

编号	树种	学名	科.属	地点	横坐标	纵坐标	海拔(m)	估测树龄(年)	树高(m)	胸围(cm)	冠幅(m)东西	冠幅(m)南北	特殊状况描述
30509	紫楠	Phoebe sheareri (Hemsl.) Gamble	樟科楠属	仙寓镇大山村委会王村下首(河边)	117.369	30.025	300	190	14.0	185	9	10	无
30510	枫杨	Pterocarya stenoptera C. DC.	胡桃科枫杨属	仙寓镇大山村委会河边	117.37	30.025	300	180	19.0	218	16	16	无
30511	甜槠	Castanopsis eyrei (Champ.) Tutch.	壳斗科栲属	仙寓镇大山村委会来垅(路边)	117.371	30.023	335	280	11.0	198	6	7	无
30512	木犀	Osmanthus fragrans (Thunb.) Lour.	木犀科木犀属	仙寓镇大山村委会茶园里村口	117.346	30.029	330	280	7.0	197	7	8	无
30513	石楠	Photinia serratifolia (Desf.) Kalkman	蔷薇科石楠属	仙寓镇大山村委会小坟林	117.346	30.02	340	240	9.0	210	8	8	无
30514	杉木	Cunninghamia lanceolata (Lamb.) Hook.	杉科杉属	仙寓镇大山村委会茶园里首(茶棵地)	117.344	30.029	370	200	15.0	218	10	10	无
30515	石楠	Photinia serratifolia (Desf.) Kalkman	蔷薇科石楠属	仙寓镇大山村委会茶园里首(路边)	117.346	30.029	340	280	11.0	164	11	12	无
30516	枳椇	Hovenia acerba Lindl.	鼠李科枳椇属	仙寓镇大山村委会三组河边	117.351	30.049	160	130	15.0	134	6	7	梢头枯死
30517	枳椇	Hovenia acerba Lindl.	鼠李科枳椇属	仙寓镇大山村委会三组河边	117.351	30.049	160	130	18.0	218	6	7	无
30518	三角枫	Acer buergerianum Miq.	槭树科槭属	仙寓镇大山村委会铁坞里路上	117.349	30.055	160	200	18.0	231	9	9	无
30519	银杏	Ginkgo biloba L.	银杏科银杏属	仙寓镇大山村委会铁坞里路上	117.349	30.055	160	200	18.0	288	10	12	树干80cm处分2杆
30520	珊瑚朴	Celtis julianae Schneid.	榆科朴树属	仙寓镇大山村委会陈家下首	117.348	30.058	150	210	24.0	253	8	8	无
30521	珊瑚朴	Celtis julianae Schneid.	榆科朴树属	仙寓镇大山村委会陈家下首	117.348	30.058	150	180	15.0	188	13	14	无
30522	珊瑚朴	Celtis julianae Schneid.	榆科朴树属	仙寓镇大山村委会丁家下首	117.345	30.064	150	110	25.0	360	23	24	无

编号	树种	学名	科/属	地点	横坐标	纵坐标	海拔(m)	估测树龄(年)	树高(m)	胸围(cm)	冠幅(m) 东西	冠幅(m) 南北	特殊状况描述
30523	枫香树	Liquidambar formosana Hance	金缕梅科枫香属	仙寓镇大山村委会丁家下首	117.345	30.064	140	150	20.0	340	8	8	无
30524	银杏	Ginkgo biloba L.	银杏科银杏属	仙寓镇源头村委会连溪桥	117.31	30.049	147	180	14.0	248	11	12	无
30525	木犀	Osmanthus fragrans (Thunb.) Lour.	木犀科木犀属	仙寓镇源头村委会河边(大河桥上)	117.309	30.049	152	220	7.0	148	6	7	无
30526	刺柏	Juniperus formosana Hayata	柏科刺柏属	仙寓镇源头村委会河边(大河桥上)	117.309	30.049	152	200	8.0	120	5	5	无
30527	圆柏	Juniperus chinensis L.	柏科刺柏属	仙寓镇阿田村委会蒋家屋边	117.328	30.054	130	160	8.0	150	5	5	无
30528	圆柏	Juniperus chinensis L.	柏科刺柏属	仙寓镇阿田村委会蒋家屋边	117.328	30.057	140	160	10.0	130	2	3	立于石坝上
30529	圆柏	Juniperus chinensis L.	柏科刺柏属	仙寓镇阿田村委会蒋家屋后	117.328	30.054	150	110	10.0	160	5	7	无
30530	圆柏	Juniperus chinensis L.	柏科刺柏属	仙寓镇阿田村委会横店河边	117.329	30.05	160	150	10.0	164	5	6	无
30531	圆柏	Juniperus chinensis L.	柏科刺柏属	仙寓镇阿田村委会横店河边	117.329	30.049	160	150	8.0	150	5	5	无
30532	皂荚	Gleditsia sinensis Lam.	豆科皂荚属	仙寓镇阿田村委会毛树墩	117.335	30.07	150	130	20.0	202	10	10	无
30533	糙叶树	Aphananthe aspera (Thunb.) Planch.	榆科糙叶树属	仙寓镇阿田村委会毛树墩(阿上下组)	117.335	30.07	140	130	9.0	214	9	13	无
30534	樟	Cinnamomum camphora (L.) Presl	樟科樟属	仙寓镇阿田村委会邮电所对门	117.337	30.072	130	200	12.0	352	14	15	无
30535	枫香树	Liquidambar formosana Hance	金缕梅科枫香属	仙寓镇阿田村委会邮电所对门	117.337	30.072	130	130	15.0	230	9	10	无
30536	圆柏	Juniperus chinensis L.	柏科刺柏属	仙寓镇阿田村委会下河田	117.342	30.073	140	150	8.0	113	3	3	主杆倾斜
30537	圆柏	Juniperus chinensis L.	柏科刺柏属	仙寓镇阿田村委会下河田	117.342	30.073	140	160	7.0	132	5	5	无
30538	圆柏	Juniperus chinensis L.	柏科刺柏属	仙寓镇阿田村委会下河田	117.342	30.073	140	150	8.0	112	3	3	无
30539	枫香树	Liquidambar formosana Hance	金缕梅科枫香属	仙寓镇山溪村委会彭溪下首	117.342	30.087	135	210	19.0	458	10	11	无

编号	树种	学名	科,属	地点	横坐标	纵坐标	海拔(m)	估测树龄(年)	树高(m)	胸围(cm)	冠幅(m) 东西	冠幅(m) 南北	特殊状况描述
30540	苦槠	*Castanopsis sclerophylla* (Lindl.) Schottky	壳斗科栲属	仙寓镇山溪村委会卢村下首(桥头)	117.357	30.082	140	210	8.0	359	9	8	无
30541	圆柏	*Juniperus chinensis* L.	柏科刺柏属	仙寓镇山溪村委会陈家组桥下	117.368	30.053	200	210	9.0	130	2	2	树干倾斜
30542	薄叶润楠	*Machilus leptophylla* Hand.-Mazz.	樟科润楠属	仙寓镇山溪村委会陈家组桥下	117.368	30.053	210	210	10.0	156	7	7	基部需培土
30543	甜槠	*Castanopsis eyrei* (Champ.) Tutch.	壳斗科栲属	仙寓镇山溪村委会陈家下首	117.367	30.053	200	160	8.0	165	6	6	无
30544	银杏	*Ginkgo biloba* L.	银杏科银杏属	仙寓镇山溪村委会再山路边	117.364	30.061	190	130	26.0	210	6	7	无
30545	银杏	*Ginkgo biloba* L.	银杏科银杏属	仙寓镇山溪村委会李铺路边	117.365	30.072	140	160	16.0	180	7	8	无
30546	银杏	*Ginkgo biloba* L.	银杏科银杏属	仙寓镇山溪村委会陈仁生屋边	117.364	30.076	100	140	10.0	185	3	3	基部腐烂
30547	银杏	*Ginkgo biloba* L.	银杏科银杏属	仙寓镇山溪村委会陈仁生屋边	117.364	30.076	120	140	15.0	226	7	8	偏冠
30548	银杏	*Ginkgo biloba* L.	银杏科银杏属	仙寓镇山溪村委会李铺后山	117.362	30.076	140	100	18.0	150	6	8	无
30549	皂荚	*Gleditsia sinensis* Lam.	豆科皂荚属	仙寓镇山溪村委会李铺后山	117.362	30.076	140	190	9.0	280	6	8	2.3 m处分枝,一杆风折
30550	银杏	*Ginkgo biloba* L.	银杏科银杏属	仙寓镇山溪村委会李铺后山	117.362	30.077	130	120	7.0	160	4	4	无
30551	银杏	*Ginkgo biloba* L.	银杏科银杏属	仙寓镇山溪村委会李铺后山	117.362	30.076	130	160	18.0	230	9	10	无
30552	榧树	*Torreya grandis* Fortune ex Lindl.	红豆杉科榧树属	仙寓镇大山村委会双坑阴边	117.312	30.01	530	110	12.0	140	7	7	无
30553	南方红豆杉	*Taxus wallichiana* var. *mairei* (Lemée et H. Lév.) L. K. Fu et Nan Li	红豆杉科红豆杉属	仙寓镇大山村委会双坑阴边	117.313	30.01	530	130	11.0	146	10	10	根系裸露砌坝培土

编号	树种	学名	科、属	地点	横坐标	纵坐标	海拔(m)	估测树龄(年)	树高(m)	胸围(cm)	冠幅(m) 东西	冠幅(m) 南北	特殊状况描述
30554	青冈	Cyclobalanopsis glauca (Thunb.) Oerst.	壳斗科青冈属	仙寓镇㘰田村委会古稀亭	117.34	30.021	590	200	14.0	170	9	9	无
30555	黑壳楠	Lindera megaphylla Hemsl.	樟科山胡椒属	仙寓镇㘰田村委会古稀亭(水沟边)	117.341	30.021	550	130	11.0	156	6	7	无
30556	黑壳楠	Lindera megaphylla Hemsl.	樟科山胡椒属	仙寓镇㘰田村委会古稀亭(水沟边)	117.34	30.021	530	140	10.0	145	6	7	无
30557	黑壳楠	Lindera megaphylla Hemsl.	樟科山胡椒属	仙寓镇㘰田村委会古稀亭下	117.34	30.021	530	280	13.0	188	10	10	无
30558	青冈	Cyclobalanopsis glauca (Thunb.) Oerst.	壳斗科青冈属	仙寓镇㘰田村委会古稀亭下	117.34	30.021	520	260	9.0	196	10	8	无
30559	苦槠	Castanopsis sclerophylla (Lindl.) Schottky	壳斗科栲属	仙寓镇占坡村委会施家边	117.364	30.088	140	280	16.0	270	10	11	无
30560	樟	Cinnamomum camphora (L.) Presl	樟科樟属	仙寓镇占坡村委会南山组路上	117.378	30.098	120	130	17.0	220	28	16	无
30561	黄连木	Pistacia chinensis Bunge	漆树科黄连木属	仙寓镇占坡村委会南山田中	117.382	30.098	110	160	16.0	200	10	11	无
30562	黄连木	Pistacia chinensis Bunge	漆树科黄连木属	仙寓镇占坡村委会南山田中	117.382	30.098	110	160	16.0	200	13	10	无
30563	枫香树	Liquidambar formosana Hance	金缕梅科枫香属	仙寓镇占坡村委会潘家屋后	117.383	30.106	130	210	20.0	240	14	16	树木梢头出现枯死现象
30564	樟	Cinnamomum camphora (L.) Presl	樟科樟属	仙寓镇占坡村委会潘家后山	117.381	30.106	135	130	11.0	260	13	14	无
30565	樟	Cinnamomum camphora (L.) Presl	樟科樟属	仙寓镇占坡村委会杨家公	117.394	30.104	100	190	15.0	330	19	18	无
30566	樟	Cinnamomum camphora (L.) Presl	樟科樟属	仙寓镇占坡村委会杨家公路边	117.394	30.104	100	190	10.0	320	6	4	无

编号	树种	学名	科、属	地点	横坐标	纵坐标	海拔(m)	估测树龄(年)	树高(m)	胸围(cm)	冠幅(m) 东西	冠幅(m) 南北	特殊状况描述
30567	樟	Cinnamomum camphora (L.) Presl	樟科樟属	仙寓镇古坡村委会杨家公路边	117.394	30.104	100	120	13.0	170	8	6	无
30568	枫香树	Liquidambar formosana Hance	金缕梅科枫香属	仙寓镇古坡村委会石田后山	117.402	30.104	130	210	34.0	274	12	13	无
30569	樟	Cinnamomum camphora (L.) Presl	樟科樟属	仙寓镇利源村委会六组村口	117.409	30.143	300	160	25.0	296	17	18	无
30570	苦槠	Castanopsis sclerophylla (Lindl.) Schottky	壳斗科栲属	仙寓镇利源村委会六组村口	117.41	30.143	290	220	17.0	370	12	12	无
30571	樟	Cinnamomum camphora (L.) Presl	樟科樟属	仙寓镇利源村委会七组下首	117.414	30.141	190	120	19.0	248	15	15	无
30572	樟	Cinnamomum camphora (L.) Presl	樟科樟属	仙寓镇利源村委会韩家排	117.415	30.141	190	120	19.0	220	13	13	无
30573	刺柏	Juniperus formosana Hayata	柏科刺柏属	仙寓镇利源村委会七组下首	117.413	30.139	190	270	13.0	140	3	3	根部需培土保护
30574	皂荚	Gleditsia sinensis Lam.	豆科皂荚属	仙寓镇利源村委会李村河边	117.412	30.139	180	130	20.0	260	14	14	无
30575	朴树	Celtis sinensis Pers.	榆科朴树属	仙寓镇利源村委会李村河边	117.412	30.139	180	120	9.0	160	8	6	无
30576	苦槠	Castanopsis sclerophylla (Lindl.) Schottky	壳斗科栲属	仙寓镇利源村委会五组亭廊	117.416	30.141	130	120	20.0	195	9	6	无
30577	樟	Cinnamomum camphora (L.) Presl	樟科樟属	仙寓镇利源村委会五组亭廊	117.416	30.141	160	120	20.0	200	6	7	无
30578	苦槠	Castanopsis sclerophylla (Lindl.) Schottky	壳斗科栲属	仙寓镇利源村委会五组亭廊	117.417	30.141	190	160	18.0	256	9	9	无
30579	樟	Cinnamomum camphora (L.) Presl	樟科樟属	仙寓镇利源村委会三四组河边	117.422	30.142	140	210	10.0	320	19	21	无
30580	栓皮栎	Quercus variabilis Blume	壳斗科栎属	仙寓镇利源村委会三四组路边	117.423	30.142	140	120	15.0	258	17	16	无

编号	树种	学名	科、属	地点	横坐标	纵坐标	海拔(m)	估测树龄(年)	树高(m)	胸围(cm)	冠幅(m) 东西	南北	特殊状况描述
30581	枫香树	Liquidambar formosana Hance	金缕梅科枫香属	仙寓镇利源村委会天马形	117.423	30.144	150	180	28.0	272	11	11	无
30582	枫香树	Liquidambar formosana Hance	金缕梅科枫香属	仙寓镇利源村委会天马形	117.423	30.145	140	150	19.0	248	12	13	无
30583	苦槠	Castanopsis sclerophylla (Lindl.) Schottky	壳斗科栲属	仙寓镇利源村委会天马形	117.424	30.145	140	140	9.0	248	10	12	无
30584	樟	Cinnamomum camphora (L.) Presl	樟科樟属	仙寓镇莲花村委会小学院旁	117.397	30.084	120	120	16.0	310	11	12	无
30585	圆柏	Juniperus chinensis L.	柏科刺柏属	仙寓镇莲花村委会上屋下首	117.396	30.074	150	130	20.0	186	8	8	无
30586	枫香树	Liquidambar formosana Hance	金缕梅科枫香属	仙寓镇莲花村委会嶂峰坑	117.387	30.066	180	240	26.0	330	20	15	无
30587	枫杨	Pterocarya stenoptera C. DC.	胡桃科枫杨属	仙寓镇南源村委会大河边	117.408	30.111	110	160	14.0	292	12	12	大河边偏冠
30588	枫杨	Pterocarya stenoptera C. DC.	胡桃科枫杨属	仙寓镇南源村委会大河边	117.408	30.11	100	180	15.0	402	12	12	无
30589	青冈	Cyclobalanopsis glauca (Thunb.) Oerst.	壳斗科青冈属	仙寓镇莲花村委会姚家垄下首	117.397	30.056	290	160	7.0	188	7	7	无
30590	紫弹树	Celtis biondii Pamp.	榆科朴树属	仙寓镇莲花村委会姚家垄下首	117.397	30.056	290	110	16.0	209	7	7	无
30591	木犀	Osmanthus fragrans (Thunb.) Lour.	木犀科木犀属	仙寓镇莲花村委会姚家垄屋前	117.397	30.056	290	120	6.0	160	9	7	石坝上
30592	麻栎	Quercus acutissima Carruth.	壳斗科麻栎属	仙寓镇莲花村委会姚家垄下首	117.398	30.056	290	200	26.0	240	11	11	无
30593	紫弹树	Celtis biondii Pamp.	榆科朴树属	仙寓镇莲花村委会长岭下首	117.4	30.053	340	160	13.0	296	16	16	无
30594	柞木	Xylosma congesta (Lour.) Merr.	大风子科柞木属	仙寓镇莲花村委会长岭下首	117.4	30.053	340	110	6.0	110	5	5	无
30595	石楠	Photinia serratifolia (Desf.) Kalkman	蔷薇科石楠属	仙寓镇莲花村委会上家塝	117.405	30.046	580	120	6.0	160	6	6	无

编号	树种	学名	科.属	地点	横坐标	纵坐标	海拔(m)	估测树龄(年)	树高(m)	胸围(cm)	冠幅(m) 东西	冠幅(m) 南北	特殊状况描述
30596	木犀	Osmanthus fragrans (Thunb.) Lour.	木犀科木犀属	仙寓镇莲花村委会老屋基	117.407	30.046	600	210	6.0	180	6	6	无
30597	青冈	Cyclobalanopsis glauca (Thunb.) Oerst.	壳斗科青冈属	仙寓镇莲花村委会坦上	117.408	30.047	600	130	15.0	214	13	12	无
30598	银杏	Ginkgo biloba L.	银杏科银杏属	仙寓镇莲花村委会坦上	117.408	30.048	600	100	17.0	180	10	10	无
30599	紫弹树	Celtis biondii Pamp.	榆科朴树属	仙寓镇莲花村委会芦田前山	117.414	30.055	480	140	26.0	290	22	24	无
30600	黄连木	Pistacia chinensis Bunge	漆树科黄连木属	仙寓镇莲花村委会芦田前山	117.415	30.055	500	200	29.0	310	14	14	无
30601	枫香树	Liquidambar formosana Hance	金缕梅科枫香属	仙寓镇莲花村委会虎形	117.417	30.057	480	130	25.0	248	9	9	无
30602	甜槠	Castanopsis eyrei (Champ.) Tutch.	壳斗科栲属	仙寓镇莲花村委会芦田后山	117.416	30.055	490	150	24.0	243	11	11	无
30603	甜槠	Castanopsis eyrei (Champ.) Tutch.	壳斗科栲属	仙寓镇莲花村委会芦田后山	117.416	30.055	490	150	26.0	234	10	10	无
30604	三角枫	Acer buergerianum Miq.	槭树科槭属	仙寓镇莲花村委会安边后山	117.405	30.056	290	200	18.0	222	10	9	无
30605	女贞	Ligustrum lucidum Ait.	木犀科女贞属	仙寓镇莲花村委会安边后山	117.406	30.056	290	210	11.0	215	6	6	无
30606	柞木	Xylosma congesta (Lour.) Merr.	大风子科柞木属	仙寓镇莲花村委会安边后山	117.406	30.056	290	130	8.0	130	6	6	无
30607	三角枫	Acer buergerianum Miq.	槭树科槭属	仙寓镇莲花村委会安边后山	117.406	30.056	290	210	18.0	244	9	11	无
30608	枫香树	Liquidambar formosana Hance	金缕梅科枫香属	仙寓镇莲花村委会安边后山	117.406	30.056	300	120	25.0	220	10	12	无
30609	甜槠	Castanopsis eyrei (Champ.) Tutch.	壳斗科栲属	仙寓镇莲花村委会母猪形	117.403	30.059	260	130	12.0	223	7	7	无
30610	枫香树	Liquidambar formosana Hance	金缕梅科枫香属	仙寓镇莲花村委会母猪形	117.404	30.061	270	130	29.0	250	27	27	无

编号	树种	学名	科,属	地点	横坐标	纵坐标	海拔(m)	估测树龄(年)	树高(m)	胸围(cm)	冠幅(m) 东西	冠幅(m) 南北	特殊状况描述
30611	枫香树	*Liquidambar formosana* Hance	金缕梅科枫香属	仙寓镇莲花村委会姚家垄下首	117.397	30.056	270	140	28.0	220	14	16	无
30612	枫香树	*Liquidambar formosana* Hance	金缕梅科枫香属	仙寓镇莲花村委会姚家垄下首	117.397	30.056	280	150	32.0	256	23	26	无
30613	苦槠	*Castanopsis sclerophylla* (Lindl.) Schottky	壳斗科栲属	大演乡新火村委会唐家畈	117.494	30.125	120	160	13.0	260	18	18	2 m处分3杈
30614	木犀	*Osmanthus fragrans* (Thunb.) Lour.	木犀科木犀属	大演乡新火村委会洪家段下首	117.489	30.121	120	100	7.0	138	7	5	2.5 m分杈杆中空
30615	三角枫	*Acer buergerianum* Miq.	槭树科槭属	大演乡新火村委会下里坡(村部)	117.489	30.119	120	210	20.0	255	17	14	无
30616	枫杨	*Pterocarya stenoptera* C. DC.	胡桃科枫杨属	大演乡新火村委会下里坡	117.489	30.119	120	210	23.0	565	26	29	无
30617	枫杨	*Pterocarya stenoptera* C. DC.	胡桃科枫杨属	大演乡新火村委会下里坡	117.49	30.119	120	210	11.0	300	15	13	整体偏斜
30618	枫杨	*Pterocarya stenoptera* C. DC.	胡桃科枫杨属	大演乡新火村委会下里坡	117.489	30.119	120	210	23.0	440	23	24	无
30619	枫杨	*Pterocarya stenoptera* C. DC.	胡桃科枫杨属	大演乡新火村委会下里坡	117.489	30.119	120	210	24.0	260	26	24	整体偏冠
30620	枫杨	*Pterocarya stenoptera* C. DC.	胡桃科枫杨属	大演乡新火村委会下里坡	117.489	30.119	120	210	18.0	320	20	16	无
30621	枫杨	*Pterocarya stenoptera* C. DC.	胡桃科枫杨属	大演乡新火村委会下里坡	117.489	30.119	120	100	18.0	230	7	7	无
30622	苦槠	*Castanopsis sclerophylla* (Lindl.) Schottky	壳斗科栲属	大演乡新农村委会唐家下首	117.487	30.106	110	160	18.0	320	10	9	树梢有枯死现象
30623	刺楸	*Kalopanax septemlobus* (Thunb.) Koidz.	五加科刺楸属	大演乡新农村委会唐家下首	117.487	30.106	120	100	18.0	155	12	9	无
30624	皂荚	*Gleditsia sinensis* Lam.	豆科皂荚属	大演乡新农村委会唐家下首	117.487	30.106	120	160	17.0	225	20	19	树干整体倾斜
30625	枫香树	*Liquidambar formosana* Hance	金缕梅科枫香属	大演乡新农村委会唐家下首	117.487	30.106	120	160	18.0	226	13	15	无
30626	樟	*Cinnamomum camphora* (L.) Presl	樟科樟属	大演乡新农村委会唐家下首	117.487	30.106	130	220	14.0	260	10	13	无

编号	树种	学名	科/属	地点	横坐标	纵坐标	海拔(m)	估测树龄(年)	树高(m)	胸围(cm)	冠幅(m)东西	南北	特殊状况描述
30627	樟	Cinnamomum camphora (L.) Presl	樟科樟属	大演乡新农村村委会龙门山庄	117.489	30.099	140	210	10.0	270	9	9	无
30628	枫香树	Liquidambar formosana Hance	金缕梅科枫香属	大演乡新农村村委会合水坑下首	117.489	30.098	140	210	17.0	230	16	15	树干基部中空
30629	樟	Cinnamomum camphora (L.) Presl	樟科樟属	大演乡新农村村委会孙家上首	117.491	30.109	130	260	18.0	361	17	16	无
30630	樟	Cinnamomum camphora (L.) Presl	樟科樟属	大演乡新农村村委会孙家上首	117.492	30.109	140	260	24.0	251	14	15	无
30631	樟	Cinnamomum camphora (L.) Presl	樟科樟属	大演乡新农村村委会孙家下首	117.491	30.111	130	260	16.0	200	12	13	无
30632	樟	Cinnamomum camphora (L.) Presl	樟科樟属	大演乡新农村村委会孙家下首	117.491	30.111	130	260	16.0	210	11	11	无
30633	樟	Cinnamomum camphora (L.) Presl	樟科樟属	大演乡新农村村委会孙家下首	117.491	30.111	130	200	17.0	232	13	10	无
30634	枫杨	Pterocarya stenoptera C. DC.	胡桃科枫杨属	大演乡新农村村委会唐家坞口	117.487	30.104	130	160	10.0	325	11	12	无
30635	苦槠	Castanopsis sclerophylla (Lindl.) Schottky	壳斗科栲属	大演乡新农村村委会坞头组	117.492	30.093	200	100	13.0	180	7	10	无
30636	苦槠	Castanopsis sclerophylla (Lindl.) Schottky	壳斗科栲属	大演乡新农村村委会坞头组	117.492	30.093	220	200	17.0	191	9	6	无
30637	苦槠	Castanopsis sclerophylla (Lindl.) Schottky	壳斗科栲属	大演乡新农村村委会坞头组	117.492	30.094	220	200	15.0	187	11	10	无
30638	皂荚	Gleditsia sinensis Lam.	豆科皂荚属	大演乡新农村村委会坞头组下首	117.492	30.093	210	200	26.0	233	14	14	无
30639	红楠	Machilus thunbergii Siebold et Zucc.	樟科润楠属	大演乡新农村村委会坞头组下首	117.492	30.093	200	180	16.0	180	10	10	无
30640	苦槠	Castanopsis sclerophylla (Lindl.) Schottky	壳斗科栲属	大演乡新农村村委会坞头组下首	117.492	30.093	210	200	15.0	224	10	11	无

続表

编号	树种	学名	科、属	地点	横坐标	纵坐标	海拔(m)	估测树龄(年)	树高(m)	胸围(cm)	冠幅(m)东西	冠幅(m)南北	特殊状况描述
30641	银杏	Ginkgo biloba L.	银杏科银杏属	大演乡新农村委会严家下首	117.481	30.093	140	150	23.0	214	14	13	无
30642	樟	Cinnamomum camphora (L.) Presl	樟科樟属	大演乡新农村委会严家下首	117.481	30.094	140	240	35.0	230	11	10	无
30643	枫杨	Pterocarya stenoptera C. DC.	胡桃科枫杨属	大演乡新农村委会严家下首	117.481	30.094	140	200	33.0	251	28	32	无
30644	枫香树	Liquidambar formosana Hance	金缕梅科枫香属	大演乡新农村委会严家下首	117.481	30.094	140	160	36.0	244	10	10	无
30645	枳椇	Hovenia acerba Lindl.	鼠李科枳椇属	大演乡新农村委会严家下首	117.481	30.093	140	240	22.0	270	8	14	无
30646	枫香树	Liquidambar formosana Hance	金缕梅科枫香属	大演乡新农村委会严家下首	117.481	30.094	140	160	36.0	213	10	13	无
30647	枫香树	Liquidambar formosana Hance	金缕梅科枫香属	大演乡新农村委会严家下首	117.481	30.094	140	170	37.0	245	13	12	无
30648	枫香树	Liquidambar formosana Hance	金缕梅科枫香属	大演乡新农村委会严家后背	117.48	30.094	170	180	26.0	280	24	16	树木整体倾斜
30649	樟	Cinnamomum camphora (L.) Presl	樟科樟属	大演乡新农村委会姚坑组下首	117.49	30.102	150	100	13.0	213	7	5	无
30650	木犀	Osmanthus fragrans (Thunb.) Lour.	木犀科木犀属	大演乡新农村委会姚坑组下首	117.491	30.102	150	120	7.0	140	7	6	基部少许空洞
30651	枫香树	Liquidambar formosana Hance	金缕梅科枫香属	大演乡新农村委会合山组	117.48	30.087	290	200	32.0	290	15	16	无
30652	黄连木	Pistacia chinensis Bunge	漆树科黄连木属	大演乡新农村委会合山组	117.48	30.086	290	200	32.0	216	18	20	无
30653	苦槠	Castanopsis sclerophylla (Lindl.) Schottky	壳斗科槠属	大演乡新农村委会龙门潭石山坡	117.482	30.093	240	130	14.0	310	15	15	无
30654	木犀	Osmanthus fragrans (Thunb.) Lour.	木犀科木犀属	大演乡剡溪村委会峡田坞下首	117.452	30.156	173	210	11.0	200	7	7	河沟一侧急需培土
30655	枫香树	Liquidambar formosana Hance	金缕梅科枫香属	大演乡剡溪村委会盛家村下首	117.451	30.157	220	100	19.0	245	8	9	无

80 | 石台古树

编号	树种	科、属	学名	地点	横坐标	纵坐标	海拔(m)	估测树龄(年)	树高(m)	胸围(cm)	冠幅(m) 东西	南北	特殊状况描述
30656	木犀	木犀科木犀属	Osmanthus fragrans (Thunb.) Lour.	大演乡剡溪村委会联合沟边	117.47	30.147	100	210	7.0	135	7	8	无
30657	木犀	木犀科木犀属	Osmanthus fragrans (Thunb.) Lour.	大演乡剡溪村委会联合沟边	117.469	30.147	100	240	11.0	157	8	11	树干基部腐烂、中空
30658	梧桐	梧桐科梧桐属	Firmiana simplex (L.) W. Wight	大演乡剡溪村委会小剡路口	117.484	30.139	100	110	25.0	170	8	10	无
30659	樟	樟科樟属	Cinnamomum camphora (L.) Presl	大演乡剡溪村委会同心组河边	117.479	30.134	90	240	21.0	265	18	19	无
30660	杉木	杉科杉木属	Cunninghamia lanceolata (Lamb.) Hook.	大演乡新联村委会孙家	117.517	30.085	287	210	28.0	165	6	6	无
30661	黄连木	漆树科黄连木属	Pistacia chinensis Bunge	大演乡新联村委会三组	117.517	30.088	260	200	14.0	186	8	9	无
30662	薄叶润楠	樟科润楠属	Machilus leptophylla Hand.-Mazz.	大演乡新联村委会三组下首	117.516	30.088	245	151	9.0	261	8	8	主杆枯死
30663	薄叶润楠	樟科润楠属	Machilus leptophylla Hand.-Mazz.	大演乡新联村委会三组下首	117.516	30.089	240	140	11.0	185	10	10	树干中空
30664	樟	樟科樟属	Cinnamomum camphora (L.) Presl	大演乡新联村委会白三组桥边	117.516	30.089	240	120	30.0	234	17	15	无
30665	银杏	银杏科银杏属	Ginkgo biloba L.	大演乡新联村委会三组下首	117.516	30.089	240	150	16.0	184	16	18	无
30666	枫香树	金缕梅科枫香属	Liquidambar formosana Hance	大演乡新联村委会三组下首	117.516	30.088	240	200	28.0	300	14	15	无
30667	圆柏	柏科刺柏属	Juniperus chinensis L.	大演乡新联村委会三组上桥头	117.517	30.089	250	160	10.0	128	5	6	无
30668	君迁子	柿树科柿属	Diospyros lotus L.	大演乡新联村委会三组上桥头	117.5	30.089	250	110	17.0	200	14	16	无
30669	木犀	木犀科木犀属	Osmanthus fragrans (Thunb.) Lour.	大演乡新联村委会四组后山坟上	117.518	30.089	160	120	10.0	245	10	10	双杆

编号	树种	学名	科、属	地点	横坐标	纵坐标	海拔(m)	估测树龄(年)	树高(m)	胸围(cm)	冠幅(m) 东西	冠幅(m) 南北	特殊状况描述
30670	苦槠	Castanopsis sclerophylla (Lindl.) Schottky	壳斗科栲属	大演乡新联村委会文孝庙	117.514	30.09	210	200	11.0	150	10	8	偏冠
30671	苦槠	Castanopsis sclerophylla (Lindl.) Schottky	壳斗科栲属	大演乡新联村委会文孝庙	117.514	30.09	210	200	14.0	167	7	7	无
30672	青冈	Cyclobalanopsis glauca (Thunb.) Oerst.	壳斗科青冈属	大演乡新联村委会文孝庙	117.514	30.09	210	100	15.0	143	9	8	无
30673	糙叶树	Aphananthe aspera (Thunb.) Planch.	榆科糙叶树属	大演乡新联村委会文孝庙	117.514	30.09	210	180	17.0	180	8	9	无
30674	樟	Cinnamomum camphora (L.) Presl	樟科樟属	大演乡新联村委会文孝庙	117.514	30.09	210	140	15.0	200	15	16	偏冠
30675	樟	Cinnamomum camphora (L.) Presl	樟科樟属	大演乡新联村委会文孝庙下首	117.514	30.09	210	110	15.0	200	12	13	无
30676	银杏	Ginkgo biloba L.	银杏科银杏属	大演乡新联村委会小石桥	117.512	30.107	140	160	13.0	258	7	7	建议砌土培土保护
30677	银杏	Ginkgo biloba L.	银杏科银杏属	大演乡新联村委会小石桥	117.512	30.107	140	160	12.0	320	7	8	建议砌土培土保护
30678	银杏	Ginkgo biloba L.	银杏科银杏属	大演乡新联村委会小石桥	117.512	30.107	140	160	12.0	343	8	10	建议砌土培土保护
30679	黑壳楠	Lindera megaphylla Hemsl.	樟科山胡椒属	大演乡新联村委会排下	117.513	30.119	140	130	15.0	207	12	12	无
30680	黑壳楠	Lindera megaphylla Hemsl.	樟科山胡椒属	大演乡新联村委会排下	117.513	30.119	130	210	11.0	220	7	7	主干枯死
30681	枫香树	Liquidambar formosana Hance	金缕梅科枫香属	大演乡新联村委会排下	117.513	30.119	130	210	21.0	240	19	19	无
30682	麻栎	Quercus acutissima Carruth.	壳斗科栎属	大演乡新联村委会象形茶园脚	117.51	30.141	110	210	22.0	400	22	26	树干严重腐烂
30683	枫杨	Pterocarya stenoptera C. DC.	胡桃科枫杨属	大演乡新唐村委会桥头	117.525	30.17	80	140	11.0	290	11	11	无
30684	三角枫	Acer buergerianum Miq.	槭树科槭属	大演乡新唐村委会桥头	117.525	30.17	80	140	16.0	175	10	7	无

编号	树种	学名	科、属	地点	横坐标	纵坐标	海拔(m)	估测树龄(年)	树高(m)	胸围(cm)	冠幅(m) 东西	冠幅(m) 南北	特殊状况描述
30685	三角枫	Acer buergerianum Miq.	槭树科槭属	大演乡新唐村委会桥头	117.525	30.17	80	210	15.0	250	8	9	树干基部中空
30686	糙叶树	Aphananthe aspera (Thunb.) Planch.	榆科糙叶树属	大演乡青联村委会下破石	117.545	30.109	160	170	30.0	225	16	18	无
30687	豹皮樟	Litsea coreana var. sinensis (C. K. Allen) Yen C. Yang et P. H. Huang	樟科木姜子属	大演乡青联村委会下破石	117.545	30.109	160	150	14.0	190	7	9	双杈，一杈顶端枯死
30688	石楠	Photinia serratifolia (Desf.) Kalkman	蔷薇科石楠属	大演乡青联村委会梓树坡(王青松屋前)	117.546	30.111	150	270	8.0	310	12	12	无
30689	木犀	Osmanthus fragrans (Thunb.) Lour.	木犀科木犀属	大演乡青联村委会庄屋里	117.532	30.116	100	130	11.0	207	8	9	需砌坝培土保护
30690	木犀	Osmanthus fragrans (Thunb.) Lour.	木犀科木犀属	大演乡青联村委会庄屋里	117.531	30.116	110	150	9.0	275	8	9	多杆、护坝培土
30691	薄叶润楠	Machilus leptophylla Hand.-Mazz.	樟科润楠属	大演乡青联村委会四方排胸(青七)	117.557	30.131	146	100	12.0	178	16	16	生长于石坝上
30692	苦槠	Castanopsis sclerophylla (Lindl.) Schottky	壳斗科栲属	大演乡青联村委会蒙猪垒	117.557	30.137	140	160	9.0	198	10	11	无
30693	苦槠	Castanopsis sclerophylla (Lindl.) Schottky	壳斗科栲属	大演乡青联村委会燕窝	117.55	30.144	130	160	15.0	295	13	15	一侧干枯死
30694	枫香树	Liquidambar formosana Hance	金缕梅科枫香属	大演乡青联村委会燕窝	117.55	30.145	135	200	35.0	312	12	12	基部有空洞
30695	枫香树	Liquidambar formosana Hance	金缕梅科枫香属	大演乡青联村委会燕窝	117.551	30.145	136	160	14.0	352	8	9	主杆梢头风折
30696	榆树	Ulmus pumila L.	榆科榆属	大演乡青联村委会燕窝(后山茶园)	117.551	30.144	130	280	14.0	280	13	13	茶园界树
30697	皂荚	Gleditsia sinensis Lam.	豆科皂荚属	大演乡青联村委会柏坑	117.536	30.16	100	200	18.0	360	18	18	无

编号	树种	学名	科、属	地点	横坐标	纵坐标	海拔 (m)	估测树龄 (年)	树高 (m)	胸围 (cm)	冠幅 (m) 东西	冠幅 (m) 南北	特殊状况描述
30698	银杏	Ginkgo biloba L.	银杏科银杏属	大演乡青联村委会吴家村(四青九组)	117.557	30.159	420	260	20.0	238	14	16	少许中空,3 m处分2杈
30699	豹皮樟	Litsea coreana var. sinensis (C. K. Allen) Yen C. Yang et P. H. Huang	樟科木姜子属	大演乡青联村委会吴家村(四青九组)	117.557	30.159	420	160	14.0	170	7	8	无
30700	圆柏	Juniperus chinensis L.	柏科圆柏属	大演乡青联村委会吴家村(四青九组)	117.557	30.159	420	200	13.0	140	5	5	立于石坝上
30701	银杏	Ginkgo biloba L.	银杏科银杏属	大演乡青联村委会吴家村(四青九组)	117.556	30.159	416	240	30.0	210	16	17	无
30702	石楠	Photinia serratifolia (Desf.) Kalkman	蔷薇科石楠属	大演乡青联村委会吴家村(四青九组)	117.557	30.159	430	220	9.0	190	7	7	整体偏冠,堪边上
30703	枫香树	Liquidambar formosana Hance	金缕梅科枫香属	大演乡青联村委会大坟棵	117.558	30.159	421	220	34.0	277	18	19	无
30704	枫香树	Liquidambar formosana Hance	金缕梅科枫香属	大演乡青联村委会大坟棵	117.559	30.159	450	150	29.0	270	14	16	无
30705	黑壳楠	Lindera megaphylla Hemsl.	樟科山胡椒属	大演乡青联村委会杨家村下首	117.558	30.155	390	140	12.0	175	9	9	无
30706	榧树	Torreya grandis Fortune ex Lindl.	红豆杉科榧树属	横渡镇兰关村委会里屋前山	117.671	30.218	260	150	12.0	185	11	12	长势较好,靠河沟沿
30707	榧树	Torreya grandis Fortune ex Lindl.	红豆杉科榧树属	横渡镇兰关村委会里屋前山	117.671	30.218	249	130	10.0	152	11	12	无
30708	榧树	Torreya grandis Fortune ex Lindl.	红豆杉科榧树属	横渡镇兰关村委会里屋前山	117.671	30.218	240	110	11.0	136	11	10	无
30709	榧树	Torreya grandis Fortune ex Lindl.	红豆杉科榧树属	横渡镇兰关村委会里屋后山	117.669	30.218	250	230	8.0	155	7	9	根部一侧枯死

编号	树种	学名	科、属	地点	横坐标	纵坐标	海拔(m)	估测树龄(年)	树高(m)	胸围(cm)	冠幅(m) 东西	冠幅(m) 南北	特殊状况描述
30710	榧树	Torreya grandis Fortune ex Lindl.	红豆杉科榧树属	横渡镇兰关村委会长塘上	117.669	30.218	250	160	12.0	276	12	13	无
30711	苦槠	Castanopsis sclerophylla (Lindl.) Schottky	壳斗科栲属	横渡镇兰关村委会来龙山	117.669	30.217	255	200	9.0	278	7	7	无
30712	枫香树	Liquidambar formosana Hance	金缕梅科枫香属	横渡镇兰关村委会外屋后山	117.668	30.217	270	260	20.0	280	12	13	无
30713	榧树	Torreya grandis Fortune ex Lindl.	红豆杉科榧树属	横渡镇兰关村委会外屋面前	117.668	30.216	240	140	12.0	188	12	10	河沟边
30714	榧树	Torreya grandis Fortune ex Lindl.	红豆杉科榧树属	横渡镇兰关村委会外屋面前沟	117.669	30.216	200	140	12.0	181	12	12	1.5 m分双杆
30715	乌桕	Triadica sebifera (L.) Small	大戟科乌桕属	横渡镇兰关村委会老面前	117.667	30.205	220	110	14.0	248	14	14	80 cm处分双杆
30716	枫杨	Pterocarya stenoptera C. DC.	胡桃科枫杨属	横渡镇兰关村委会堂河边	117.669	30.203	210	210	10.0	280	17	12	无
30717	乌桕	Triadica sebifera (L.) Small	大戟科乌桕属	横渡镇兰关村委会岭坎	117.67	30.201	200	180	13.0	256	11	11	基部中空
30718	木犀	Osmanthus fragrans (Thunb.) Lour.	木犀科木犀属	横渡镇兰关村委会朱家冲下首	117.682	30.174	170	180	8.0	189	7	8	1.7 m处分双杆邻河沿
30719	木犀	Osmanthus fragrans (Thunb.) Lour.	木犀科木犀属	横渡镇兰关村委会毛屋	117.677	30.173	150	130	8.0	160	7	8	1.6 m处分权成双杆
30720	皂荚	Gleditsia sinensis Lam.	豆科皂荚属	横渡镇兰关村委会石灰屋	117.678	30.172	150	130	15.0	205	14	14	无
30721	糙叶树	Aphananthe aspera (Thunb.) Planch.	榆科糙叶树属	横渡镇兰关村委会新屋背后	117.658	30.156	110	130	15.0	238	8	7	树干中空
30722	枫香树	Liquidambar formosana Hance	金缕梅科枫香属	横渡镇兰关村委会敬老院内	117.654	30.153	100	100	20.0	208	7	7	无

编号	树种	学名	科、属	地点	横坐标	纵坐标	海拔 (m)	估测树龄 (年)	树高 (m)	胸围 (cm)	冠幅(m) 东西	冠幅(m) 南北	特殊状况描述
30723	枫香树	Liquidambar formosana Hance	金缕梅科枫香属	横渡镇鸿陵村委会许村背后山	117.619	30.146	100	260	17.0	402	11	9	树体倾斜
30724	枫香树	Liquidambar formosana Hance	金缕梅科枫香属	横渡镇鸿陵村委会许村背后山	117.619	30.147	100	260	19.0	365	7	7	树体倾斜，较危险
30725	枫香树	Liquidambar formosana Hance	金缕梅科枫香属	横渡镇鸿陵村委会许村背后山	117.619	30.147	100	260	22.0	360	12	10	无
30726	枫香树	Liquidambar formosana Hance	金缕梅科枫香属	横渡镇鸿陵村委会许村背后山	117.619	30.147	100	260	22.0	338	9	9	无
30727	枫香树	Liquidambar formosana Hance	金缕梅科枫香属	横渡镇鸿陵村委会许村背后山	117.619	30.148	100	130	17.0	235	8	9	无
30728	枫香树	Liquidambar formosana Hance	金缕梅科枫香属	横渡镇鸿陵村委会许村背后山	117.619	30.148	100	180	23.0	324	14	12	无
30729	银杏	Ginkgo biloba L.	银杏科银杏属	横渡镇鸿陵村委会杨村下首	117.608	30.164	100	100	17.0	208	13	13	无
30730	麻栎	Quercus acutissima Carruth.	壳斗科麻栎属	横渡镇鸿陵村委会鸡公形	117.594	30.135	70	280	16.0	296	12	12	无
30731	苦槠	Castanopsis sclerophylla (Lindl.) Schottky	壳斗科栲属	横渡镇鸿陵村委会南坑口	117.586	30.139	90	190	15.0	283	13	13	南坑口路边
30732	黄连木	Pistacia chinensis Bunge	漆树科黄连木属	横渡镇鸿陵村委会项家下首	117.579	30.14	100	210	24.0	298	13	13	无
30733	楸	Catalpa bungei C. A. Mey.	紫葳科梓属	横渡镇鸿陵村委会南坑口	117.586	30.14	100	100	16.0	170	8	8	无
30734	枫香树	Liquidambar formosana Hance	金缕梅科枫香属	横渡镇鸿陵村委会东风后山	117.585	30.141	80	120	20.0	228	13	13	无
30735	青檀	Pteroceltis tatarinowii Maxim.	榆科青檀属	横渡镇横渡村委会钓鱼台	117.588	30.169	80	150	10.0	180	13	7	倒伏生长偏向河内
30736	糙叶树	Aphananthe aspera (Thunb.) Planch.	榆科糙叶树属	横渡镇横渡村委会钓鱼台村内	117.589	30.169	80	130	12.0	188	10	8	无
30737	朴树	Celtis sinensis Pers.	榆科朴树属	横渡镇横渡村委会村内	117.589	30.17	80	110	10.0	120	6	10	无

编号	树种	学名	科,属	地点	横坐标	纵坐标	海拔(m)	估测树龄(年)	树高(m)	胸围(cm)	冠幅(m)东西	冠幅(m)南北	特殊状况描述
30738	乌桕	Triadica sebifera (L.) Small	大戟科乌桕属	横渡镇横渡村委会钓鱼台公路边	117.589	30.17	80	110	13.0	195	13	11	无
30739	银杏	Ginkgo biloba L.	银杏科银杏属	横渡镇横渡村委会栗树塔(大河边)	117.574	30.178	50	130	14.0	200	9	11	大河边根部萌条较多
30740	银杏	Ginkgo biloba L.	银杏科银杏属	横渡镇横渡村委会栗树塔(大河边)	117.574	30.178	60	100	12.0	470	9	10	基部分杈为双杆
30741	银杏	Ginkgo biloba L.	银杏科银杏属	横渡镇横渡村委会栗树塔(大河边)	117.573	30.177	70	120	16.0	188	13	13	大河边
30742	楸	Catalpa bungei C. A. Mey.	紫葳科梓属	横渡镇横渡村委会广平河边	117.56	30.186	65	100	15.0	187	7	10	无
30743	糙叶树	Aphananthe aspera (Thunb.) Planch.	榆科糙叶树属	横渡镇横渡村委会汤村岸下首	117.558	30.191	65	130	16.0	240	10	9	无
30744	银杏	Ginkgo biloba L.	银杏科银杏属	横渡镇横渡村委会施村边	117.574	30.181	65	100	12.0	448	10	9	基部6株萌条
30745	银杏	Ginkgo biloba L.	银杏科银杏属	横渡镇横渡村委会施村河边	117.574	30.181	65	100	9.0	144	7	6	无
30746	银杏	Ginkgo biloba L.	银杏科银杏属	横渡镇横渡村委会施村河边	117.574	30.182	70	100	12.0	258	11	12	基部分2杆
30747	银杏	Ginkgo biloba L.	银杏科银杏属	横渡镇横渡村委会施村边	117.575	30.182	75	120	15.0	731	15	16	2013年12月被挖,培土保护
30748	银杏	Ginkgo biloba L.	银杏科银杏属	横渡镇历坝村委会潘家脚	117.644	30.19	190	140	12.0	334	14	10	水沟边
30749	银杏	Ginkgo biloba L.	银杏科银杏属	横渡镇历坝村委会庙前	117.64	30.191	180	120	13.0	403	13	13	河沟坝上分杈双杆
30750	银杏	Ginkgo biloba L.	银杏科银杏属	横渡镇历坝村委会社坞坑	117.637	30.189	200	130	17.0	205	13	13	社屋坑里沟边
30751	银杏	Ginkgo biloba L.	银杏科银杏属	横渡镇历坝村委会阴边	117.636	30.19	180	100	17.0	181	10	10	根部有4根萌条

编号	树种	学名	科、属	地点	横坐标	纵坐标	海拔(m)	估测树龄(年)	树高(m)	胸围(cm)	冠幅(m) 东西	冠幅(m) 南北	特殊状况描述
30752	银杏	Ginkgo biloba L.	银杏科银杏属	横渡镇历坝村村委会阴边	117.636	30.19	170	130	17.0	308	12	11	根部分杈双杆
30753	银杏	Ginkgo biloba L.	银杏科银杏属	横渡镇历坝村村委会社坞坑河边	117.636	30.191	170	100	14.0	220	11	14	无
30754	银杏	Ginkgo biloba L.	银杏科银杏属	横渡镇历坝村村委会汪家背后	117.638	30.191	180	150	17.0	196	12	12	无
30755	银杏	Ginkgo biloba L.	银杏科银杏属	横渡镇历坝村村委会汪家背后	117.638	30.192	180	110	17.0	244	12	13	水沟边基部分双杆
30756	圆柏	Juniperus chinensis L.	柏科刺柏属	横渡镇历坝村村委会汪家背后	117.637	30.192	180	160	9.0	124	3	5	树干一侧枯死
30757	银杏	Ginkgo biloba L.	银杏科银杏属	横渡镇历坝村村委会阴边田	117.634	30.19	160	130	16.0	204	11	12	河沟边
30758	银杏	Ginkgo biloba L.	银杏科银杏属	横渡镇历坝村村委会阴边田	117.634	30.19	170	100	16.0	180	10	11	河沟边
30759	木犀	Osmanthus fragrans (Thunb.) Lour.	木犀科木犀属	横渡镇历坝村村委会隔上河边	117.631	30.197	175	120	6.0	188	6	7	基部分杈双杆
30760	银杏	Ginkgo biloba L.	银杏科银杏属	横渡镇历坝村村委会杜家田后山	117.629	30.192	180	130	13.0	525	13	14	基部分3杆
30761	刺柏	Juniperus formosana Hayata	柏科刺柏属	横渡镇历坝村村委会杜家田后山	117.629	30.192	180	180	7.0	115	4	3	梢头枯死
30762	枫香树	Liquidambar formosana Hance	金缕梅科枫香属	横渡镇历坝村村委会跃进下首	117.627	30.191	180	210	24.0	260	7	7	无
30763	朴树	Celtis sinensis Pers.	榆科朴树属	横渡镇历坝村村委会金竹坑	117.623	30.191	140	100	14.0	217	13	12	偏冠
30764	苦槠	Castanopsis sclerophylla (Lindl.) Schottky	壳斗科栲属	横渡镇历坝村村委会金竹坑口	117.623	30.191	140	150	10.0	287	9	10	无
30765	枫杨	Pterocarya stenoptera C. DC.	胡桃科枫杨属	横渡镇历坝村村委会竹村下首	117.619	30.189	130	160	14.0	478	22	25	生长在河边较好
30766	银杏	Ginkgo biloba L.	银杏科银杏属	横渡镇历坝村村委会打鼓岭	117.593	30.194	90	100	13.0	495	13	13	老桩萌条6根(河边)

编号	树种	学名	科、属	地点	横坐标	纵坐标	海拔(m)	估测树龄(年)	树高(m)	胸围(cm)	冠幅(m) 东西	冠幅(m) 南北	特殊状况描述
30767	糙叶树	Aphananthe aspera (Thunb.) Planch.	榆科糙叶树属	横渡镇横渡村委会南岸村里	117.546	30.188	60	100	16.0	175	5	5	枝丫修欣严重
30768	苦槠	Castanopsis sclerophylla (Lindl.) Schottky	壳斗科栲属	横渡镇横渡村委会南岸村里	117.546	30.188	60	120	13.0	205	9	9	偏冠
30769	皂荚	Gleditsia sinensis Lam.	豆科皂荚属	横渡镇横渡村委会南岸下首	117.543	30.187	60	100	13.0	269	21	22	无
30770	银杏	Ginkgo biloba L.	银杏科银杏属	横渡镇历坝村委会阿係	117.529	30.188	60	100	19.0	226	16	16	无
30771	枫香树	Liquidambar formosana Hance	金缕梅科枫香属	横渡镇香口村委会柏山渡	117.504	30.203	50	110	15.0	280	11	11	无
30772	杨梅	Morella rubra Lour.	杨梅科杨梅属	横渡镇香口村委会竹林坑茶棵地	117.49	30.185	160	130	7.0	220	9	9	无
30773	樟	Cinnamomum camphora (L.) Presl	樟科樟属	横渡镇香口村委会来龙山(下村后山)	117.519	30.209	100	150	13.0	252	14	14	树干倾斜,半山排上
30774	黄连木	Pistacia chinensis Bunge	漆树科黄连木属	横渡镇河西村委会狮马岭村口	117.633	30.219	560	210	10.0	216	10	11	2.3 m处分权
30775	枫香树	Liquidambar formosana Hance	金缕梅科枫香属	横渡镇河西村委会狮马岭村口	117.633	30.219	560	130	11.0	214	12	9	2 m处分权
30776	苦槠	Castanopsis sclerophylla (Lindl.) Schottky	壳斗科栲属	横渡镇河西村委会狮马岭脚	117.626	30.218	260	140	13.0	214	9	9	一侧少许腐烂
30777	枫香树	Liquidambar formosana Hance	金缕梅科枫香属	横渡镇河西村委会方木坑(沙培胸)	117.606	30.218	163	210	20.0	325	14	17	无
30778	乌桕	Triadica sebifera (L.) Small	大戟科乌桕属	横渡镇河西村委会路边	117.606	30.217	160	130	11.0	234	12	15	无
30779	皂荚	Gleditsia sinensis Lam.	豆科皂荚属	横渡镇河西村委会桦树培	117.606	30.216	164	210	12.0	238	15	15	无
30780	黄连木	Pistacia chinensis Bunge	漆树科黄连木属	横渡镇河西村委会白石坑后山	117.598	30.22	170	180	13.0	228	9	9	无
30781	苦槠	Castanopsis sclerophylla (Lindl.) Schottky	壳斗科栲属	横渡镇河西村委会楮树棵	117.599	30.22	280	150	10.0	240	13	13	无

编号	树种	学名	科、属	地点	横坐标	纵坐标	海拔(m)	估测树龄(年)	树高(m)	胸围(cm)	冠幅(m) 东西	冠幅(m) 南北	特殊状况描述
30782	苦槠	Castanopsis sclerophylla (Lindl.) Schottky	壳斗科栲属	横渡镇河西村村委会槠树棵	117.599	30.22	280	200	8.0	235	8	7	顶梢枯死
30783	枫香树	Liquidambar formosana Hance	金缕梅科枫香属	横渡镇河西村村委会白石坑水口	117.598	30.218	255	150	18.0	312	15	14	无
30784	麻栎	Quercus acutissima Carruth.	壳斗科麻栎属	横渡镇河西村村委会白石坑水口	117.598	30.218	250	200	24.0	310	7	9	树体倾斜，上侧有空洞
30785	银杏	Ginkgo biloba L.	银杏科银杏属	横渡镇河西村村委会里冲（枣岭下）	117.575	30.202	77	180	22.0	259	13	14	根部树皮损伤
30786	苦槠	Castanopsis sclerophylla (Lindl.) Schottky	壳斗科栲属	横渡镇河西村村委会里冲（枣岭下）	117.576	30.202	72	200	12.0	289	12	12	无
30787	苦槠	Castanopsis sclerophylla (Lindl.) Schottky	壳斗科栲属	横渡镇河西村村委会里冲（枣岭下）	117.576	30.202	72	200	12.0	289	12	12	无
30788	枫杨	Pterocarya stenoptera C. DC.	胡桃科枫杨属	横渡镇河西村村委会汪村小桥	117.563	30.202	60	210	15.0	320	21	23	水沟边
30789	糙叶树	Aphananthe aspera (Thunb.) Planch.	榆科糙叶树属	横渡镇河西村村委会汪村沟边	117.562	30.202	60	120	14.0	180	13	12	水沟边
30790	青檀	Pteroceltis tatarinowii Maxim.	榆科青檀属	横渡镇河西村村委会汪村沟边	117.562	30.202	65	100	6.0	143	5	5	树干中空
30791	银杏	Ginkgo biloba L.	银杏科银杏属	横渡镇河西村村委会汪村流溪	117.561	30.201	65	210	26.0	333	14	14	无
30792	银杏	Ginkgo biloba L.	银杏科银杏属	横渡镇河西村村委会汪村流溪	117.56	30.201	65	110	14.0	160	11	11	根部萌条较多
30793	枫香树	Liquidambar formosana Hance	金缕梅科枫香属	仁里镇三增村村委会桐岭	117.383	30.205	93	130	16.0	276	13	13	无
30794	樟	Cinnamomum camphora (L.) Presl	樟科樟属	仁里镇七里居委会南山土地庙	117.47	30.196	110	100	9.0	184	9	9	无
30795	木犀	Osmanthus fragrans (Thunb.) Lour.	木犀科木犀属	仁里镇缘溪村村委会渔塘后山	117.516	30.25	125	140	7.0	190	7	9	无

编号	树种	学名	科、属	地点	横坐标	纵坐标	海拔(m)	估测树龄(年)	树高(m)	胸围(cm)	冠幅(m) 东西	冠幅(m) 南北	特殊状况描述
30796	石楠	Photinia serratifolia (Desf.) Kalkman	蔷薇科石楠属	仁里镇缘溪村委会渔塘村口	117.515	30.249	125	100	7.0	110	5	5	无
30797	榧树	Torreya grandis Fortune ex Lindl.	红豆杉科榧树属	仁里镇高宝村委会张南坑下首	117.64	30.258	115	130	12.0	192	8	9	靠河边砌坝
30798	圆柏	Juniperus chinensis L.	柏科刺柏属	仁里镇高宝村委会张南村下首	117.639	30.258	210	160	8.0	134	6	6	树干倾斜2.2 m分杈
30799	木犀	Osmanthus fragrans (Thunb.) Lour.	木犀科木犀属	仁里镇高宝村委会张南坑下首	117.639	30.258	220	210	10.0	130	7	9	无
30800	三角枫	Acer buergerianum Miq.	槭树科槭属	仁里镇高宝村委会张南坑下首	117.639	30.259	230	210	16.0	211	14	14	紧靠河边
30801	石楠	Photinia serratifolia (Desf.) Kalkman	蔷薇科石楠属	仁里镇高宝村委会社屋塘村口	117.615	30.269	490	160	6.0	135	5	6	良好偏冠
30802	石楠	Photinia serratifolia (Desf.) Kalkman	蔷薇科石楠属	仁里镇高宝村委会社屋塘村(路上)	117.615	30.269	497	160	7.0	135	5	8	基部有空洞
30803	木犀	Osmanthus fragrans (Thunb.) Lour.	木犀科木犀属	仁里镇七里居委会七里坑后山	117.486	30.231	74	160	10.0	215	9	10	基部分杈一侧中空
30804	木犀	Osmanthus fragrans (Thunb.) Lour.	木犀科木犀属	仁里镇贡溪村委会卢家村	117.563	30.216	397	130	7.0	253	7	9	基部疑双杆
30805	大叶冬青	Ilex macrocarpa Oliv.	冬青科冬青属	仁里镇贡溪村委会卢家村	117.563	30.216	390	100	5.0	162	6	6	基部分3杈
30806	石楠	Photinia serratifolia (Desf.) Kalkman	蔷薇科石楠属	仁里镇贡溪村委会卢家村	117.563	30.215	390	130	9.0	180	9	9	紧靠河沿石岩上
30807	栗	Castanea mollissima Blume	壳斗科板栗属	仁里镇贡溪村委会李家	117.558	30.217	440	210	8.0	336	11	9	主梢枯死,折断杆中空

编号	树种	学名	科、属	地点	横坐标	纵坐标	海拔(m)	估测树龄(年)	树高(m)	胸围(cm)	冠幅(m) 东西	冠幅(m) 南北	特殊状况描述
30808	木犀	Osmanthus fragrans (Thunb.) Lour.	木犀科木犀属	仁里镇贡溪村委会张家竹园上	117.561	30.22	410	200	7.0	133	6	6	无
30809	枫香树	Liquidambar formosana Hance	金缕梅科枫香属	仁里镇贡溪村委会张家村口	117.559	30.22	400	160	23.0	231	13	13	无
30810	野柿	Diospyros kaki var. silvestris Makino	柿树科柿属	仁里镇贡溪村委会张家村口(路边)	117.558	30.22	420	100	14.0	170	12	14	无
30811	枫香树	Liquidambar formosana Hance	金缕梅科枫香属	仁里镇同心村委会林业遇壁岩上	117.477	30.25	310	200	26.0	278	15	16	无
30812	木犀	Osmanthus fragrans (Thunb.) Lour.	木犀科木犀属	仁里镇同心村委会底下屋	117.478	30.251	280	180	7.0	112	5	5	根部少许中空
30813	糙叶树	Aphananthe aspera (Thunb.) Planch.	榆科糙叶树属	仁里镇同心村委会村口竹园路下	117.478	30.248	280	200	29.0	280	20	25	无
30814	枫杨	Pterocarya stenoptera C. DC.	胡桃科枫杨属	小河镇莘田村委会井边(杨桥村)	117.241	30.212	48	120	14.0	273	19	19	无
30815	紫藤	Wisteria sinensis (Sims) Sweet	豆科紫藤属	小河镇莘田村委会牛形(土地庙)	117.251	30.211	40	120	8.0	170	4	4	无
30816	黄连木	Pistacia chinensis Bunge	漆树科黄连木属	小河镇莘田村委会牛形(土地庙)	117.253	30.211	40	150	10.0	182	6	6	无
30817	黄连木	Pistacia chinensis Bunge	漆树科黄连木属	小河镇莘田村委会牛形(土地庙)	117.251	30.278	40	100	7.0	140	8	5	偏冠
30818	黄连木	Pistacia chinensis Bunge	漆树科黄连木属	小河镇莘田村委会牛形(土地庙)	117.251	30.211	40	130	7.0	146	6	6	偏冠
30819	黄连木	Pistacia chinensis Bunge	漆树科黄连木属	小河镇莘田村委会牛形(土地庙)	117.251	30.211	40	150	9.0	220	6	6	无
30820	黄连木	Pistacia chinensis Bunge	漆树科黄连木属	小河镇来田村委会上坦	117.223	30.243	80	130	10.0	176	6	6	树体偏冠

编号	树种	学名	科/属	地点	横坐标	纵坐标	海拔(m)	估测树龄(年)	树高(m)	胸围(cm)	冠幅(m) 东西	冠幅(m) 南北	特殊状况描述
30821	黄连木	Pistacia chinensis Bunge	漆树科黄连木属	小河镇来田村村委会杨根付院内	117.231	30.246	60	110	15.0	236	12	12	无
30822	枫香树	Liquidambar formosana Hance	金缕梅科枫香属	小河镇九步村村委会马屋施	117.239	30.249	66	150	19.0	330	10	10	树顶梢—枝枯腐
30823	青冈	Cyclobalanopsis glauca (Thunb.) Oerst.	壳斗科青冈属	小河镇栗阳村村委会大王庙	117.391	30.271	400	270	13.0	230	9	9	无
30824	紫薇	Lagerstroemia indica L.	千屈菜科紫薇属	小河镇栗阳村村委会岭下村口	117.369	30.261	400	100	10.0	106	6	5	无
30825	黑壳楠	Lindera megaphylla Hemsl.	樟科山胡椒属	小河镇栗阳村村委会岭下村口	117.369	30.261	400	160	9.0	200	8	8	无
30826	黑壳楠	Lindera megaphylla Hemsl.	樟科山胡椒属	小河镇栗阳村村委会岭下村口	117.369	30.261	400	130	12.0	339	7	6	基部分3杆
30827	苦槠	Castanopsis sclerophylla (Lindl.) Schottky	壳斗科栲属	小河镇梓丰村村委会蛇形岗	117.317	30.303	140	110	9.0	191	7	8	无
30828	圆柏	Juniperus chinensis L.	柏科刺柏属	小河镇梓丰村村委会土地庙(李家)	117.308	30.311	115	210	7.0	162	5	5	无
30829	圆柏	Juniperus chinensis L.	柏科刺柏属	小河镇梓丰村村委会土地庙(李家)	117.308	30.311	110	200	7.0	121	5	6	无
30830	枫香树	Liquidambar formosana Hance	金缕梅科枫香属	小河镇梓丰村村委会李家背后	117.308	30.311	110	100	16.0	211	8	8	无
30831	枫香树	Liquidambar formosana Hance	金缕梅科枫香属	小河镇梓丰村村委会油榨背后	117.303	30.317	110	100	12.0	167	9	10	无
30832	枫香树	Liquidambar formosana Hance	金缕梅科枫香属	小河镇梓丰村村委会李村下首	117.301	30.309	120	140	22.0	213	6	6	无
30833	枫香树	Liquidambar formosana Hance	金缕梅科枫香属	小河镇梓丰村村委会李村来垄	117.301	30.308	130	260	30.0	254	9	10	无
30834	枫香树	Liquidambar formosana Hance	金缕梅科枫香属	小河镇梓丰村村委会李村来垄	117.3	30.308	130	120	20.0	214	8	7	无

编号	树种	学名	科、属	地点	横坐标	纵坐标	海拔(m)	估测树龄(年)	树高(m)	胸围(cm)	冠幅(m) 东西	冠幅(m) 南北	特殊状况描述
30835	枫香树	Liquidambar formosana Hance	金缕梅科枫香属	小河镇梓丰村村委会李村上首	117.3	30.305	130	260	32.0	271	9	7	无
30836	枫香树	Liquidambar formosana Hance	金缕梅科枫香属	小河镇梓丰村村委会芦塘塘边	117.271	30.303	250	190	19.0	242	7	7	无
30837	枫杨	Pterocarya stenoptera C. DC.	胡桃科枫杨属	小河镇梓丰村村委会芦塘塘里	117.273	30.303	240	130	9.0	323	9	8	无
30838	黄连木	Pistacia chinensis Bunge	漆树科黄连木属	小河镇梓丰村村委会芦塘村上首	117.274	30.303	250	240	12.0	240	8	8	无
30839	圆柏	Juniperus chinensis L.	柏科刺柏属	小河镇梓丰村村委会芦塘岗头	117.277	30.301	300	210	8.0	128	4	4	无
30840	圆柏	Juniperus chinensis L.	柏科刺柏属	小河镇梓丰村村委会芦塘岗头	117.277	30.301	300	210	9.0	160	5	5	无
30841	木犀	Osmanthus fragrans (Thunb.) Lour.	木犀科木犀属	小河镇梓丰村村委会洞口谢家	117.284	30.296	170	110	7.0	134	7	7	河沟边
30842	女贞	Ligustrum lucidum Ait.	木犀科女贞属	小河镇梓丰村村委会里叶村河边	117.286	30.296	170	160	5.0	220	5	5	树干中空
30843	圆柏	Juniperus chinensis L.	柏科刺柏属	小河镇梓丰村村委会里叶村桥上	117.287	30.295	170	210	15.0	143	6	6	无
30844	圆柏	Juniperus chinensis L.	柏科刺柏属	小河镇梓丰村村委会里叶村桥上	117.287	30.296	170	210	17.0	193	7	7	无
30845	枫杨	Pterocarya stenoptera C. DC.	胡桃科枫杨属	小河镇梓丰村村委会里叶村桥下	117.287	30.295	170	130	15.0	300	13	13	无
30846	槐树	Sophora japonica L.	豆科槐属	小河镇樟村村委会五昌庙(河西)	117.288	30.267	84	130	16.0	279	14	14	无
30847	枫香树	Liquidambar formosana Hance	金缕梅科枫香属	小河镇樟村村委会下村后山	117.298	30.259	80	130	18.0	270	5	8	无
30848	女贞	Ligustrum lucidum Ait.	木犀科女贞属	小河镇尧田村村委会岭脚	117.291	30.213	56	160	11.0	298	9	9	无
30849	苦槠	Castanopsis sclerophylla (Lindl.) Schottky	壳斗科栲属	小河镇尧田村村委会果木山村口	117.294	30.226	65	260	11.0	372	8	8	无

编号	树种	学名	科、属	地点	横坐标	纵坐标	海拔(m)	估测树龄(年)	树高(m)	胸围(cm)	冠幅(m) 东西	冠幅(m) 南北	特殊状况描述
30850	枫香树	Liquidambar formosana Hance	金缕梅科枫香属	小河镇红石村村委会水井边（公路站）	117.297	30.246	64	100	14.0	215	6	6	无
30851	枫香树	Liquidambar formosana Hance	金缕梅科枫香属	小河镇红石村村委会林庄	117.3	30.25	70	120	16.0	220	7	7	无
30852	苦槠	Castanopsis sclerophylla (Lindl.) Schottky	壳斗科栲属	小河镇郑村村委会下陶冲	117.31	30.234	60	130	11.0	263	16	16	无
30853	圆柏	Juniperus chinensis L.	柏科刺柏属	小河镇郑村村委会下陶冲(土地庙)	117.31	30.234	60	130	9.0	107	5	5	树体偏冠
30854	皂荚	Gleditsia sinensis Lam.	豆科皂荚属	小河镇郑村村委会金字牌	117.324	30.242	90	140	17.0	280	23	17	无
30855	槐树	Sophora japonica L.	豆科槐属	小河镇郑村村委会金字牌下首	117.323	30.241	70	230	9.0	229	11	8	无
30856	苦槠	Castanopsis sclerophylla (Lindl.) Schottky	壳斗科栲属	小河镇郑村村委会莲花形	117.323	30.241	100	210	12.0	251	10	10	无
30857	苦槠	Castanopsis sclerophylla (Lindl.) Schottky	壳斗科栲属	小河镇郑村村委会莲花形	117.322	30.241	100	210	10.0	230	9	8	无
30858	苦槠	Castanopsis sclerophylla (Lindl.) Schottky	壳斗科栲属	小河镇郑村村委会莲花形	117.323	30.241	100	160	8.0	160	12	8	中间一棵
30859	木犀	Osmanthus fragrans (Thunb.) Lour.	木犀科木犀属	小河镇郑村村委会张启林院内	117.315	30.234	70	140	7.0	134	6	6	基部一侧腐烂
30860	皂荚	Gleditsia sinensis Lam.	豆科皂荚属	小河镇郑村村委会大平	117.308	30.23	80	130	9.0	295	10	13	树干中空,3 m处分3杈
30861	皂荚	Gleditsia sinensis Lam.	豆科皂荚属	小河镇安元村村委会汪山后山	117.358	30.251	260	230	8.0	257	12	10	无
30862	木犀	Osmanthus fragrans (Thunb.) Lour.	木犀科木犀属	小河镇安元村村委会汪山后山	117.358	30.251	260	230	6.0	144	6	5	无

编号	树种	学名	科、属	地点	横坐标	纵坐标	海拔(m)	估测树龄(年)	树高(m)	胸围(cm)	冠幅(m) 东西	冠幅(m) 南北	特殊状况描述
30863	三角枫	Acer buergerianum Miq.	槭树科槭属	小河镇安元村委会汪山上首	117.362	30.25	230	130	8.0	220	5	5	3.5 m分权,一主杆风折
30864	糙叶树	Aphananthe aspera (Thunb.) Planch.	榆科糙叶树属	小河镇安元村委会汪山下首	117.358	30.25	230	130	8.0	245	8	7	树干中空分开
30865	黄连木	Pistacia chinensis Bunge	漆树科黄连木属	小河镇安元村委会铁炉塘	117.373	30.239	240	210	9.0	240	8	8	无
30866	黄连木	Pistacia chinensis Bunge	漆树科黄连木属	小河镇安元村委会铁炉塘村口	117.373	30.239	280	280	12.0	250	12	10	无
30867	糙叶树	Aphananthe aspera (Thunb.) Planch.	榆科糙叶树属	小河镇安元村委会铁炉塘村口	117.373	30.239	280	260	12.0	230	8	9	无
30868	黄连木	Pistacia chinensis Bunge	漆树科黄连木属	小河镇安元村委会铁炉塘下首	117.373	30.24	250	190	13.0	230	11	11	树干基部一侧中空
30869	黄连木	Pistacia chinensis Bunge	漆树科黄连木属	小河镇安元村委会铁炉塘下首	117.373	30.24	250	150	13.0	175	8	8	根部一侧腐烂
30870	黄连木	Pistacia chinensis Bunge	漆树科黄连木属	小河镇安元村委会铁炉塘下首	117.373	30.24	250	150	9.0	165	9	8	无
30871	黄连木	Pistacia chinensis Bunge	漆树科黄连木属	小河镇安元村委会铁炉塘下首	117.373	30.24	255	150	12.0	206	9	9	无
30872	女贞	Ligustrum lucidum Ait.	木犀科女贞属	小河镇安元村委会铁炉塘石桥上	117.369	30.244	170	140	7.0	175	5	5	无
30873	黄连木	Pistacia chinensis Bunge	漆树科黄连木属	小河镇安元村委会铁炉塘石桥上	117.369	30.244	200	140	12.0	205	8	10	树干基部一侧空洞
30874	黄连木	Pistacia chinensis Bunge	漆树科黄连木属	小河镇安元村委会铁炉塘石桥边	117.369	30.244	170	130	12.0	200	9	9	无
30875	糙叶树	Aphananthe aspera (Thunb.) Planch.	榆科糙叶树属	小河镇安元村委会里河	117.367	30.246	152	210	14.0	247	13	14	无
30876	木犀	Osmanthus fragrans (Thunb.) Lour.	木犀科木犀属	小河镇安元村委会里河祠堂	117.368	30.246	170	210	6.0	162	6	6	无

编号	树种	学名	科.属	地点	横坐标	纵坐标	海拔(m)	估测树龄(年)	树高(m)	胸围(cm)	冠幅(m) 东西	南北	特殊状况描述
30877	侧柏	Platycladus orientalis (L.) Franco	柏科侧柏属	小河镇安元村委会里河	117.368	30.246	180	250	7.0	108	4	5	无
30878	黄连木	Pistacia chinensis Bunge	漆树科黄连木属	丁香镇梓桐村委会白岭桥头	117.381	30.196	190	120	20.0	174	7	7	基部被白蚁危害
30879	黄连木	Pistacia chinensis Bunge	漆树科黄连木属	丁香镇梓桐村委会土地庙前	117.381	30.196	190	130	20.0	249	8	8	基部一侧腐烂
30880	女贞	Ligustrum lucidum Ait.	木犀科女贞属	丁香镇梓桐村委会白岭桥头	117.381	30.246	190	130	6.0	353	6	7	无
30881	糙叶树	Aphananthe aspera (Thunb.) Planch.	榆科糙叶树属	丁香镇梓桐村委会汪家尖	117.371	30.188	300	160	16.0	243	18	18	房前树
30882	石楠	Photinia serratifolia (Desf.) Kalkman	蔷薇科石楠属	丁香镇梓桐村委会汪家尖	117.371	30.188	300	200	16.0	147	13	13	无
30883	糙叶树	Aphananthe aspera (Thunb.) Planch.	榆科糙叶树属	丁香镇梓桐村委会汪家尖	117.37	30.188	310	100	14.0	149	10	10	无
30884	石楠	Photinia serratifolia (Desf.) Kalkman	蔷薇科石楠属	丁香镇梓桐村委会汪家尖	117.37	30.188	310	160	8.0	160	10	8	石缝中
30885	三角枫	Acer buergerianum Miq.	槭树科槭属	丁香镇梓桐村委会水井边	117.366	30.19	280	200	17.0	260	17	14	无
30886	木犀	Osmanthus fragrans (Thunb.) Lour.	木犀科木犀属	丁香镇梓桐村委会门坞	117.357	30.188	270	110	7.0	258	8	8	一蔸双杆
30887	木犀	Osmanthus fragrans (Thunb.) Lour.	木犀科木犀属	丁香镇梓桐村委会枣树(林场对面)	117.365	30.194	190	130	8.0	202	8	9	一蔸双杆
30888	麻栎	Quercus acutissima Carruth.	壳斗科麻栎属	丁香镇华桥村委会朱冲口	117.335	30.198	110	160	33.0	400	16	16	无
30889	枫香树	Liquidambar formosana Hance	金缕梅科枫香属	丁香镇华桥村委会张潭	117.329	30.195	90	210	30.0	298	9	9	无
30890	苦槠	Castanopsis sclerophylla (Lindl.) Schottky	壳斗科栲属	丁香镇红桃村委会大树林	117.311	30.166	117	210	14.0	410	6	6	树干主梢死亡
30891	圆柏	Juniperus chinensis L.	柏科刺柏属	丁香镇丁香村委会下街河边	117.342	30.193	84	160	8.0	125	1.2	5	无
30892	石楠	Photinia serratifolia (Desf.) Kalkman	蔷薇科石楠属	丁香镇梓桐村委会祠堂背后	117.384	30.24	410	160	10.0	169	8	8	无

编号	树种	学名	科、属	地点	横坐标	纵坐标	海拔(m)	估测树龄(年)	树高(m)	胸围(cm)	冠幅(m) 东西	冠幅(m) 南北	特殊状况描述
30893	枫香树	Liquidambar formosana Hance	金缕梅科枫香属	丁香镇梓桐村委会塘里	117.384	30.242	410	180	19.0	303	20	20	无
30894	石楠	Photinia serratifolia (Desf.) Kalkman	蔷薇科石楠属	丁香镇梓桐村委会上树茂塘	117.384	30.239	440	200	5.0	197	9	8	生长于石缝中
30895	女贞	Ligustrum lucidum Ait.	木犀科女贞属	丁香镇梓桐村委会上树茂塘	117.384	30.239	430	150	6.0	185	6	7	树干中空
30896	麻栎	Quercus acutissima Carruth.	壳斗科麻栎属	丁香镇梓桐村委会树茂塘	117.384	30.238	410	140	20.0	252	7	8	无
30897	苦槠	Castanopsis sclerophylla (Lindl.) Schottky	壳斗科栲属	丁香镇梓桐村委会树茂塘下首	117.383	30.238	410	270	6.0	260	7	7	树梢枯死
30898	黄连木	Pistacia chinensis Bunge	漆树科黄连木属	丁香镇梓桐村委会梓园村后	117.372	30.233	250	210	8.0	206	10	9	无
30899	女贞	Ligustrum lucidum Ait.	木犀科女贞属	丁香镇梓桐村委会猪头形	117.372	30.233	240	210	8.0	275	9	9	无
30900	黄檀	Dalbergia hupeana Hance	豆科黄檀属	丁香镇梓桐村委会猪头形	117.372	30.233	230	210	17.0	190	13	12	树干中空
30901	石楠	Photinia serratifolia (Desf.) Kalkman	蔷薇科石楠属	丁香镇梓桐村委会猪头形	117.372	30.233	230	210	8.0	160	8	7	偏冠
30902	麻栎	Quercus acutissima Carruth.	壳斗科麻栎属	丁香镇梓桐村委会大庙边	117.372	30.231	236	210	22.0	369	20	21	无
30903	楸	Catalpa bungei C. A. Mey.	紫葳科梓属	丁香镇梓桐村委会大庙下	117.372	30.231	213	130	18.0	280	15	12	无
30904	木犀	Osmanthus fragrans (Thunb.) Lour.	木犀科木犀属	丁香镇梓桐村委会叶里桃	117.37	30.228	165	160	9.0	159	7	7	无
30905	木犀	Osmanthus fragrans (Thunb.) Lour.	木犀科木犀属	丁香镇梓桐村委会叶里桃	117.37	30.228	180	160	9.0	262	7	9	无
30906	杉木	Cunninghamia lanceolata (Lamb.) Hook.	杉科杉木属	丁香镇林茶村委会新岭	117.332	30.113	480	210	16.0	202	5	5	无
30907	朴树	Celtis sinensis Pers.	榆科朴树属	丁香镇林茶村委会叶家对面	117.341	30.137	170	120	10.0	195	13	13	无
30908	枫杨	Pterocarya stenoptera C. DC.	胡桃科枫杨属	丁香镇林茶村委会叶家对面	117.341	30.137	170	180	16.0	360	17	15	无
30909	黄连木	Pistacia chinensis Bunge	漆树科黄连木属	丁香镇林茶村委会叶家对面	117.341	30.137	170	130	14.0	201	10	10	根部多空洞

编号	树种	学名	科,属	地点	横坐标	纵坐标	海拔(m)	估测树龄(年)	树高(m)	胸围(cm)	冠幅(m) 东西	冠幅(m) 南北	特殊状况描述
30910	银杏	Ginkgo biloba L.	银杏科银杏属	丁香镇库山村委会朱塘下首	117.365	30.145	190	100	16.0	235	11	12	无
30911	银杏	Ginkgo biloba L.	银杏科银杏属	丁香镇库山村委会査村下首	117.372	30.144	200	100	12.0	169	10	9	一侧砌坝
30912	银杏	Ginkgo biloba L.	银杏科银杏属	丁香镇库山村委会枣树路边	117.369	30.143	233	130	16.0	410	13	12	无
30913	黄连木	Pistacia chinensis Bunge	漆树科黄连木属	丁香镇西柏村委会胡西脚	117.322	30.151	230	160	13.0	302	12	12	无
30914	苦槠	Castanopsis sclerophylla (Lindl.) Schottky	壳斗科栲属	丁香镇西柏村委会胡西脚	117.322	30.151	260	130	13.0	260	10	10	无
30915	黄连木	Pistacia chinensis Bunge	漆树科黄连木属	丁香镇西柏村委会胡西脚	117.322	30.151	245	130	13.0	215	9	10	无
30916	苦槠	Castanopsis sclerophylla (Lindl.) Schottky	壳斗科栲属	丁香镇西柏村委会大垅	117.334	30.158	150	140	9.0	350	10	9	无
30917	圆柏	Juniperus chinensis L.	柏科刺柏属	丁香镇西柏村委会大垅	117.335	30.159	150	200	10.0	180	7	10	一侧靠河沿，须砌坝
30918	薄叶润楠	Machilus leptophylla Hand.-Mazz.	樟科润楠属	丁香镇西柏村委会毛山头	117.343	30.163	130	200	9.0	205	9	9	无
30919	枫杨	Pterocarya stenoptera C. DC.	胡桃科枫杨属	丁香镇西柏村委会柏山河边	117.351	30.165	115	140	15.0	438	27	30	无
30920	石楠	Photinia serratifolia (Desf.) Kalkman	蔷薇科石楠属	丁香镇西柏村委会柏山五昌庙	117.352	30.166	110	100	8.0	134	8	8	靠河沿
30921	黄连木	Pistacia chinensis Bunge	漆树科黄连木属	丁香镇西柏村委会下井路边	117.355	30.17	100	130	19.0	288	14	19	无
30922	女贞	Ligustrum lucidum Ait.	木犀科女贞属	丁香镇西柏村委会新建下首	117.359	30.176	110	260	14.0	300	10	10	无
30923	黄连木	Pistacia chinensis Bunge	漆树科黄连木属	丁香镇石泉村委会坦里土地庙	117.301	30.176	250	110	10.0	155	12	8	主干梢头枯死
30924	女贞	Ligustrum lucidum Ait.	木犀科女贞属	丁香镇石泉村委会坦里土地庙	117.301	30.176	250	100	9.0	143	6	6	无
30925	朴树	Celtis sinensis Pers.	榆科朴树属	丁香镇新中村委会南边畈上	117.334	30.188	83	100	14.0	186	13	10	无
30926	朴树	Celtis sinensis Pers.	榆科朴树属	丁香镇新中村委会南边畈上	117.334	30.188	90	100	14.0	181	10	9	无

编号	树种	学名	科,属	地点	横坐标	纵坐标	海拔(m)	估测树龄(年)	树高(m)	胸围(cm)	冠幅(m) 东西	冠幅(m) 南北	特殊状况描述
30927	黄连木	Pistacia chinensis Bunge	漆树科黄连木属	丁香镇新中村委会南边畈上	117.334	30.188	90	100	13.0	186	11	9	无
30928	樟	Cinnamomum camphora (L.) Presl	樟科樟属	矶滩乡高乐村委会中板壁	117.546	30.32	110	110	14.0	260	9	11	无
30929	银杏	Ginkgo biloba L.	银杏科银杏属	矶滩乡高乐村委会五昌庙	117.462	30.437	61	150	17.0	220	9	9	无
30930	大果冬青	Ilex macrocarpa Oliv.	冬青科冬青属	矶滩乡高乐村委会五昌庙	117.462	30.441	60	100	7.0	267	10	9	基部分权,有大的空洞
30931	麻栎	Quercus acutissima Carruth.	壳斗科麻栎属	矶滩乡高乐村委会桥头	117.583	30.253	40	280	23.0	267	13	15	无
30932	圆柏	Juniperus chinensis L.	柏科刺柏属	矶滩乡高乐村委会桥头	117.586	30.257	41	180	8.0	182	6	4	基部人为砍伤,河沿上偏冠
30933	皂荚	Gleditsia sinensis Lam.	豆科皂荚属	矶滩乡矶滩村委会八家村水井边	117.674	30.395	40	260	7.0	190	5	4	无
30934	皂荚	Gleditsia sinensis Lam.	豆科皂荚属	矶滩乡塔坑村委会黄柏屋后	117.377	30.288	116	210	26.0	302	22	18	无
30935	枫香树	Liquidambar formosana Hance	金缕梅科枫香属	矶滩乡塔坑村委会旗形脚	117.386	30.334	109	190	26.0	242	14	14	竹园里
30936	苦槠	Castanopsis sclerophylla (Lindl.) Schottky	壳斗科栲属	矶滩乡塔坑村委会齐山堆边	117.386	30.289	89	190	16.0	254	21	21	2.5 m处分权
30937	枫香树	Liquidambar formosana Hance	金缕梅科枫香属	矶滩乡塔坑村委会邹文良屋前	117.403	30.291	67	230	12.0	243	6	6	无
30938	大叶冬青	Ilex macrocarpa Oliv.	冬青科冬青属	矶滩乡矶滩村委会栗树下	117.47	30.281	133	110	7.0	121	7	7	基部因河水冲刷裸露
30940	枫杨	Pterocarya stenoptera C. DC.	胡桃科枫杨属	仁里镇贡溪村委会里辛	117.564	30.294	740	110	15.0	280	11	13	无
30941	圆柏	Juniperus chinensis L.	柏科刺柏属	仁里镇贡溪村委会镇国寺	117.553	30.294	740	150	6.0	102	5	4	基部有人为刀砍痕迹

表1.5 古树群详情表

编号	主要树种	次要树种	地点	横坐标	纵坐标	面积(ha)	海拔(m)	林分平均高度(m)	林分平均胸径(cm)	平均树龄(年)	郁闭度
341722100038	苦槠	/	仁里镇七里村南山组南山水库口	117.467	30.195	0.3	125—125	11	35.99	100	0.8
341722100039	白栎	/	仁里镇高宝村塘家组塘家青龙	117.633	30.280	0.6	508—508	14	54.14	310	0.6
341722100040	银杏	石楠	仁里镇高宝村兄脯组社屋塘	117.614	30.270	0.2	480—480	15	61.78	280	0.4
341722100041	银杏	皂荚、榔榆、槐树、女贞	仁里镇高宝村兄脯组社屋塘	117.614	30.269	0.3	490—490	12	50.96	110	0.5
341722100042	黄连木	豹皮樟、石楠、枫香树、黄檀、紫藤	仁里镇贡溪村岩岭组大岩口	117.563	30.215	0.2	390—390	13	54.14	150	0.6
341722100043	紫柳	/	仁里镇黄沙坑山工区菖蒲团	117.551	30.290	0.4	730—730	8	35.03	120	0.7
341722100044	紫柳	/	仁里镇黄沙坑山工区水牛园	117.550	30.285	1	730—730	9	41.40	130	0.7
341722100045	紫柳	/	仁里镇黄沙坑山工区中寺	117.558	30.293	3.3	730—730	7	46.18	150	0.7
341722104027	枫香树	马尾松	小河镇梓丰村枞树包	117.292	30.298	0.2	170—175	16	60.51	300	0.4
341722104028	麻栎	黄连木	小河镇梓丰村芦塘组坟山	117.272	30.303	0.2	240—246	15	46.18	110	0.7
341722104029	黄连木	/	小河镇梓丰村芦塘组芦塘上首	117.274	30.302	0.2	260—260	17	73.25	310	0.6
341722104030	糙叶树	红果冬青	小河镇安元村里河组里河	117.368	30.246	0.1	180—180	12	73.25	140	0.6
341722101046	麻栎	枫香树	七都镇高路亭村石印坑组水口	117.775	30.296	0.4	400—420	18	79.62	300	0.5
341722101047	黑壳楠	石楠	七都镇高路亭村中龙山组中龙山水口	117.787	30.299	1	460—520	15	50.96	200	0.9
341722101048	枫香树	槐、黄连木	七都镇人棚村黄尖组水口	117.743	30.294	0.4	800—810	15	44.59	160	0.4
341722101049	银杏	/	七都镇人棚村黄尖组阳边	117.746	30.294	1.5	780—820	16	48.00	170	0.4
341722101050	栓皮栎	枫香树	七都镇高路亭村口上组来龙山	117.819	30.293	1.5	150—120	30	95.54	500	0.8
341722105001	椆树	/	横渡镇兰关村里屋组里屋前山	117.672	30.218	0.3	250—280	12	49.36	110	0.5
341722105002	椆树	银杏	横渡镇兰关村外屋组四季庙	117.667	30.217	0.3	260—265	12	41.40	100	0.5
341722105003	圆柏	桂花	横渡镇兰关村外屋组外屋下首	117.669	30.216	0.1	260—260	9	31.85	100	0.6

编号	主要树种	次要树种	地点	横坐标	纵坐标	面积(ha)	海拔(m)	林分平均高度(m)	林分平均胸径(cm)	平均树龄(年)	郁闭度
34172105004	枫香树	圆柏	横渡镇历坝村跃进组杜家田下首	117.626	30.191	0.2	150—150	20	48.73	100	0.6
34172105005	麻栎	枫香树	横渡镇历坝村光明组来龙山	117.619	30.190	1.5	150—150	18	57.32	210	0.5
34172105006	樟	枫香树	横渡镇香口村桂坑组樟木林	117.508	30.188	0.2	65—65	16	54.14	100	0.9
34172105007	樟	/	横渡镇香口村下村组小学门口	117.516	30.192	0.4	54—54	16	67.83	100	0.8
34172105008	枫香树	三角枫、糙叶树、朴树、圆柏、麻栎、黄连木	横渡镇河西村狮马岭组塘坝	117.634	30.221	0.5	560—570	14	57.32	160	0.5
34172105009	枫香树	/	横渡镇河西村狮马岭组来龙山	117.635	30.221	0.3	570—590	22	60.51	160	0.7
34172105010	椎树	银杏、朴树、青冈	横渡镇河西村狮马岭组桃花培	117.637	30.226	0.2	510—520	27	63.69	300	0.8
34172200031	女贞	黑壳楠、圆皮椆、豹皮樟、朴树	大演乡新联村白四组舒其养屋旁	117.517	30.090	0.1	255—260	15	50.96	200	0.6
34172200032	枫香树	麻栎、枫杨	大演乡新联村白三组白白岭河滩	117.516	30.089	0.2	240—245	25	66.88	130	0.8
34172200033	枫杨	/	大演乡水稻村高田组边	117.487	30.151	4	70—75	15	57.32	120	0.8
34172200034	樟	枫杨	大演乡水稻村夏村组大河边	117.504	30.160	5	88—88	14	57.32	120	0.8
34172200035	枫香树	苦槠、麻栎	大演乡新联村白三组文孝庙河对面	117.515	30.090	0.2	200—210	24	57.32	200	0.7
34172200036	朴树	银杏、黑壳椆	大演乡青联村四青九组吴家村下首	117.557	30.159	0.2	400—420	24	63.69	210	0.6
34172200037	黑壳楠	/	大演乡青联村八组杨家村口	117.558	30.155	0.2	400—400	14	52.55	100	0.7
34172102011	甜槠	/	仙寓镇大山村王村组来龙	117.369	30.025	5	300—350	12	41.40	380	0.8
34172102012	枫香树	豹皮樟、华东楠	仙寓镇大山村茶园里组来龙	117.347	30.029	1	320—340	22	44.59	200	0.8
34172102013	枫香树	皂荚、朴树、黄连木、银杏	仙寓镇大山村市里二组铁钨里路下	117.349	30.055	0.2	150—150	20	47.77	200	0.7
34172102014	枫杨	三角枫、樟	仙寓镇山溪村李辅组李辅河边桥上	117.362	30.077	0.3	120—120	20	63.69	200	0.8
34172102015	圆柏	三角枫、银杏、糙叶树	仙寓镇山溪村檀家组檀家	117.363	30.082	0.2	140—140	12	43.95	200	0.8
34172102016	糙叶树	三角枫、樟树、银杏、槐树	仙寓镇占波村徐组徐家	117.371	30.091	0.1	120—120	12	38.22	110	0.6
34172102017	樟	枫杨、枫香树	仙寓镇莲花村中屋组中屋	117.405	30.098	0.2	120—120	18	90.76	240	0.6

编号	主要树种	次要树种	地点	横坐标	纵坐标	面积(ha)	海拔(m)	林分平均高度(m)	林分平均胸径(cm)	平均树龄(年)	郁闭度
34172210 2018	枫杨	糙叶树、麻栎、枫香树、樟、皂荚	仙寓镇莲花村横屋组横屋下首	117.400	30.088	0.2	110—110	19	66.88	180	0.7
34172210 2019	樟	/	仙寓镇莲花村竹塘组竹塘下首	117.397	30.083	0.1	120—120	22	71.34	120	0.7
34172210 2020	黄连木	枫杨、银杏、樟	仙寓镇莲花村上屋组牛食坑口	117.396	30.074	0.2	150—150	19	57.32	120	0.6
34172210 2021	枫香树	三角枫、糙叶树、黑壳楠、豹皮樟、黄连木	仙寓镇莲花村下屋组平坑下首	117.386	30.067	0.2	160—160	18	70.06	210	0.7
34172210 2022	紫弹树	/	仙寓镇莲花村安边组坟包上	117.405	30.057	0.1	290—290	23	82.80	310	0.5
34172210 2023	枫香树	紫弹树、银杏	仙寓镇莲花村中龙山组老屋里	117.396	30.048	0.2	340—340	17	50.96	150	0.7
34172210 2024	豹皮樟	豹皮樟、紫弹树、桑树、黑壳楠、女贞	仙寓镇莲花村中龙山组鱼塘	117.395	30.047	0.2	430—430	12	39.81	130	0.7
34172210 2025	枫香树	青冈	仙寓镇莲花村芦田组芦田水口	117.418	30.057	2.5	450—490	25	70.06	160	0.6
34172210 2026	枫香树	紫弹树	仙寓镇莲花村芦田组虎形	117.416	30.057	0.1	470—170	23	70.06	160	0.7
34172210 2051	枫香树	/	仙寓镇奇峰村汪边组汪边后山	117.417	30.103	3.3	132—500	19	63.69	300	0.8

第二章　石台县古树

第一节　一级古树

石台县一级古树共计36株,8种,隶属于7科8属,其中隶属于银杏科的银杏和柏科的圆柏,数量较多,分别有13株和12株,占比达36.1%和33.3%。其他树种分别为樟(4株)、皂荚(3株)、糙叶树(1株)、苦槠(1株)、麻栎(1株)、榧树(1株)等6种,总的占比为30.6%。一级古树胸围主要集中在200—299 cm和400—499 cm,分别有11株和10株,占比30.6%、27.8%,其中10508号皂荚胸围最大,为850 cm;10486号樟次之,为826 cm;10515号圆柏,胸围最小,仅180 cm。

石台县的8个乡镇中,除矶滩乡外,其余的7个乡镇均有分布,其中七都镇一级古树数量最多,达15株,占比41.7%;大演乡和横渡镇次之,各6株,分别占比16.7%;其余乡镇一级古树分布情况依次为小河镇4株、仙寓镇和丁香镇各2株、仁里镇1株。

石台县的一级古树,估测树龄均为500—600年,由于经过几百年的生长,营养体巨大、树木自身生长势逐年下降,根部的生长速度无法满足地上部分的生长趋势,同时在生长过程中经历更多的病虫害及人为的干扰,有9株出现枝干倾斜、空洞和枯死的现象(其中2株为雷击所致),占比达25.0%。

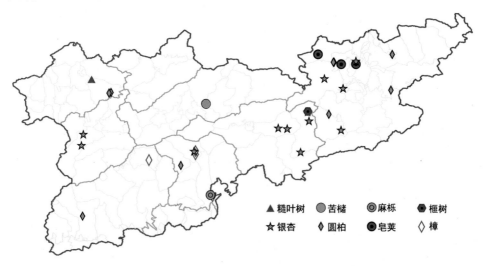

石台县一级古树分布图

地图审图号:池S(2019)3号(下文中其余图片审图号同此)

大演乡剡溪村10483号圆柏

树种：圆柏（*Juniperus chinensis* L.）

又名桧柏、柏树，属柏科刺柏属常绿乔木。

编号：10483。

简介：该树生长于石台县大演乡剡溪村和平村民组，位于背屋里的一处土台上，长势旺盛。树高21 m，胸围294 cm，平均冠幅8.5 m（东西8 m×南北9 m）。鉴定树龄500年，保护等级为安徽省一级古树。

相传此树系本地陈氏家族的先人在其宗祠旁种植。现宗祠已在"文化大革命"中被毁，仅保存有遗址，但这株圆柏未遭破坏，生存了下来，至今仍然枝繁叶茂。

树种：麻栎（*Quercus acutissima* Carruth.）

又名栎树，属壳斗科栎属落叶乔木。

编号：10484。

简介：该树生长于石台县大演乡新联村白三村民组，位于白石岭村的下首。树高29 m，胸围620 cm，平均冠幅24.5 m（东西24 m×南北25 m）。鉴定树龄550年，保护等级为安徽省一级古树。

该树目前长势依然较为旺盛，树干已被粗壮的扶芳藤缠绕，树木本身受到了很好的保护，未遭受人为破坏。但鉴于树龄已高，长势已明显减弱，宜加强树木生长环境的保护，清除树木周边的杂灌，在其下方砌坝培土，并通过整治环境，进一步提升白石岭作为皖南画家村的品位。

该树位于白石岭村口，为村庄的水口树，与其他20余株古树共同组成了白石岭"水口林"，是当地一道亮丽的风景线。

树种:樟(*Cinnamomum camphora* (L.) Presl.)

又名香樟,属樟科樟属,常绿乔木。

编号:10485。

简介:该树生长于石台县大演乡新联村白三村民组,位于白石岭至孙家的路边,为孙家的"水口"树。树高20 m,胸围498 cm,平均冠幅21.5 m(东西21 m×南北22 m),树龄约600年。

该树虽树龄已高,且主干被扶芳藤缠绕,但长势良好。

树种：樟（*Cinnamomum camphora*（L.）Presl）

又名香樟，属樟科樟属常绿乔木。

编号：10486。

简介：该树生长于石台县大演乡永福村第三、八村民组，位于大演乡人民政府所在地。树高19 m，胸围826 cm，平均冠幅28.5 m（东西18 m×南北39 m），树龄约600年。目前生长旺盛，已得到了妥善保护。虽然树龄已高，但长势不减。

该树与另外一株樟（编号10487）和一株银杏（编号10488）组成了永福村"水口林"，相传为当地吴姓家族定居本地时培育养护而来，被称为"大明树王"，现已刻碑于树旁，以示纪念。

大演乡永福村10486号樟根部

大演乡永福村10487号樟根部

树种：樟（*Cinnamomum camphora* (L.) Presl.）

又名香樟，属樟科樟属，常绿乔木。

编号：10487。

简介：该树生长于石台县大演乡永福村第三、八村民组，位于大演乡人民政府所在地。树高19 m，胸围610 cm，平均冠幅31 m（东西18 m×南北39 m），树龄约600年。该树目前长势旺盛，已得到了妥善保护。与前述10486号樟和后文10488号银杏组成永福村"水口林"。

树种：银杏（*Ginkgo biloba* L.）

又名白果，属银杏科银杏属，落叶乔木。

编号：10488。

简介：该树生长于石台县大演乡永福村第三、八村民组，位于大演乡人民政府所在地。树高21 m，胸围410 cm，平均冠幅14 m（东西13 m×南北15 m），树龄约600年，虽然树龄已高，但长势不减。早期因妨碍了村民采光等原因，曾被过度修枝，目前已得到了妥善保护。与前述10486号樟、10487号樟组成永福村"水口林"。

树种:银杏(*Ginkgo biloba* L.)

又名白果,属银杏科银杏属,落叶乔木。

编号:10489。

简介:该树生长于石台县丁香镇红桃村黄坑。树高19 m,胸围429 cm,平均冠幅21 m(东西23 m×南北19 m),树龄约520年。目前保护良好,生长旺盛,侧枝发达,虽然树龄已高,但长势不减。因其生长于两条小溪的汇合处,一侧已被冲垮造成根部裸露。相传这棵古银杏树是500多年前从徽州迁徙来此的住户从老家带来树苗种植于此,以寄托思乡之情。据说在故乡的水井中有这株银杏树的倒影,可见故土难离。

树种:银杏(*Ginkgo biloba* L.)

又名白果,属银杏科银杏属,落叶乔木。

编号:10490。

简介:该树生长于石台县丁香镇红桃村白术村民组。树高17 m,胸围530 cm,平均冠幅14 m(东西14 m×南北14 m),树龄约500年。目前生长较为旺盛,根部萌条较多。

这株古树传说已有灵气,当地一位丁姓农民因其遮挡了庄稼的阳光,遂将一根部萌生的稍小银杏砍掉,后不久,丁姓农民莫名其妙地暴病而死,在这以后,当地再也没有人敢去破坏它。虽然这个传说有封建迷信的糟粕,但也许正是为了保护古树,故意而为之。

树种：银杏（*Ginkgo biloba* L.）

又名白果，属银杏科银杏属，落叶乔木。

编号：10491。

简介：该树生长于石台县横渡镇兰关村外屋村民组，位于外屋村庄下首。树高20 m，胸围530 cm，平均冠幅18.5 m（东西18 m×南北19 m），树龄约510年。目前长势一般，与临近的10493号榉树、圆柏等古树组成了村庄下首"水口林"，树木根部萌条较多，有长势衰退的迹象。

树种：银杏（*Ginkgo biloba* L.）

又名白果，属银杏科银杏属，落叶乔木。

编号：10492。

简介：该树生长于石台县横渡镇兰关村胡下村民组余家田。树高16 m，胸围358 cm，平均冠幅19.5 m（东西19 m×南北20 m），树龄约510年。目前长势一般，位于村庄下首，与其余几株古树（榧树、圆柏）构成了村庄的"水口林"。

树种:榧树（ Torreya grandis Fortune ex Lindl.）

又名榧子树,属红豆杉科榧树属,常绿乔木。

编号:10493。

简介:该树生长于石台县横渡镇兰关村外屋村民组下首。树高18 m,胸围450 cm,平均冠幅8.5 m（东西9 m×南北8 m）,树龄约510年。

该树目前长势一般,与临近的10491号银杏、圆柏等古树组成了村庄下首"水口林"。

树种:银杏(*Ginkgo biloba* L.)

又名白果,属银杏科银杏属,落叶乔木。

编号:10494。

简介:该树生长于石台县横渡镇兰关村兰关村民组舒广来屋边。树高17 m,胸围433 cm,平均冠幅9.5 m(东西10 m×南北9 m),树龄约550年。该树受人为影响较大,长势一般。因靠近居民住宅,树冠保存不完整,基部被房屋所困,造成树木长势衰退。

树种:银杏(*Ginkgo biloba* L.)

又名白果,属银杏科银杏属落叶乔木。

编号:10495号。

简介:该树生长于石台县横渡镇历坝村光明村民组金竹坑。树高11 m,胸围314 cm,平均冠幅10.5 m(东西11 m×南北10 m),树龄约510年。该树曾遭受过严重的雷击,长势较差,且逐年衰退。

树种:银杏(*Ginkgo biloba* L.)

又名白果,属银杏科银杏属,落叶乔木。

编号:10496号。

简介:该树生长于石台县横渡镇历坝村有力村民组社坞坑坑口。树高17 m,胸围402 cm,平均冠幅14 m(东西15 m×南北13 m),树龄约500年。该树曾遭过雷击,目前长势一般。

树种：皂荚（*Gleditsia sinensis* Lam.）

又名皂角，属豆科皂荚属，落叶乔木。

编号：10497号。

简介：该树生长于石台县七都镇八棚村黄尖村民组陈家。树高13 m，胸围480 cm，平均冠幅14 m（东西12 m×南北16 m）。树龄约550年。

该树目前长势一般，2.5 m处分权的一枝杆已死亡。因位于公路旁，周边村民就便利用主干固定铁棚用于蔬菜交易，其长势受到较大影响。

树种：皂荚（*Gleditsia sinensis* Lam.）

又名皂角，属豆科皂荚属，落叶乔木。

编号：10498号。

简介：该树生长于石台县七都镇八棚村画坑村民组，位于下画坑至上画坑的小路旁。树高26 m，地围510 cm，平均冠幅23 m（东西24 m×南北22 m）。树龄约510年。长势旺盛，从基部分为两主干。属于上画坑自然村的水口树。

树种:银杏(*Ginkgo biloba* L.)

又名白果,属银杏科银杏属,落叶乔木。

编号 10499 号。

简介:该树生长于石台县七都镇八棚村黄尖村民组阳边。树高 22 m,地围 427 cm,平均冠幅 14 m(东西 13 m×南北 15 m),树龄约 500 年。该树破石而出,自基部分为三株,下部根系发达,深扎土壤,虽立地条件恶劣,却长势旺盛,是为奇观。

树种:银杏(*Ginkgo biloba* L.)

又名白果,属银杏科银杏属,落叶乔木。

编号:10500。

简介:该树生长于石台县七都镇七井村黄水坑村民组(蒋根祥户)。树高31 m,地围708 cm,平均冠幅10 m(东西11 m×南北9 m),树龄约600年。该树因人为修枝过度,严重影响了树木生长,从而导致树木长势一般。

树种:银杏(*Ginkgo biloba* L.)

又名白果,属银杏科银杏属,落叶乔木。

编号:10501。

简介:该树生长于石台县七都镇七井村黄水坑村民组(蒋忠义户)。树高28 m,地围600 cm,平均冠幅8 m(东西9 m×南北7 m),树龄约500年。该树因遭受过严重的雷击,树干已近一半腐朽,严重影响了树木生长,目前长势一般。

树种：银杏（*Ginkgo biloba* L.）

又名白果，属银杏科银杏属，落叶乔木。

编号：10502。

简介：该树生长于石台县七都镇毕家村毕家村民组，位于八墩的S325省道旁。树高25 m，胸围470 cm，平均冠幅11 m（东西12 m×南北9 m），树龄约510年。该树位于居民住宅旁，人为修枝过度。建议采取围栏保护的措施，适当进行人工培土，不要硬化树基部的地面，促进古树的复壮与生长。

树种:圆柏(*Juniperus chinensis* L.)

又名桧柏、柏树,属柏科刺柏属,常绿乔木。

编号:10503。

简介:该树生长于石台县七都镇毕家村金竹山村民组的水口。树高20 m,胸围290 cm,平均冠幅8 m(东西7 m×南北9 m),树龄约510年。该树树干挺直,长势较旺盛。

树种:圆柏(*Juniperus chinensis* L.)

又名桧柏、柏树,属柏科刺柏属,常绿乔木。

编号:10504。

简介:该树生长于石台县七都镇高路亭村塔洞坡村民组,位于塔洞坡庙边,与10505号圆柏古树是一对姊妹树。树高13 m,胸围260 cm,平均冠幅2.5 m(东西3 m×南北2 m),树龄约510年。该树基部空心,树体倾斜,已基本停止生长。

树种:圆柏(*Juniperus chinensis* L.)

又名桧柏、柏树,属柏科刺柏属,常绿乔木。

编号:10505。

简介:该树生长于石台县七都镇高路亭村塔洞坡村民组,位于塔洞坡庙边,与10504号圆柏古树是一对姊妹树。树高12 m,胸围210 cm,平均冠幅4.5 m(东西4 m×南北5 m),树龄约510年。主干基部开裂,主梢部分枯死,长势较差。

树种:银杏(*Ginkgo biloba* L.)

又名白果,属银杏科银杏属,落叶乔木。

编号:10506。

简介:该树生长于石台县七都镇七井村邱村村民组,位于七井中心学校的公路旁。树高30 m,地围700 cm,平均冠幅17 m(东西18 m×南北16 m),树龄约510年。虽位于公路边,但人为破坏少,目前长势良好。

树种:圆柏(*Juniperus chinensis* L.)

又名桧柏、柏树,属柏科刺柏属,常绿乔木。

编号:10507。

简介:该树生长于石台县七都镇三甲村黄家村民组,位于黄家下首的路外边。树高18 m,胸围280 cm,平均冠幅6 m(东西6 m×南北6 m),树龄约510年。侧枝出现大量枯死的现象,并已向河沟方向倾斜,长势一般。

树种：皂荚（*Gleditsia sinensis* Lam.）

又名皂角，属豆科皂荚属，落叶乔木。

编号：10508。

简介：该树生长于石台县七都镇伍村村陈家村民组的水口。树高15 m，地围850 cm，平均冠幅14 m(东西14 m×南北14 m)，树龄约500年。该树造型奇特，于主干木质部腐烂形成空洞，但长势旺盛。与近旁的其他十余株古树形成了一个很大的古树群。

树种：圆柏（*Juniperus chinensis* L.）

又名桧柏、柏树，属柏科刺柏属，常绿乔木。

编号：10509。

简介：该树生长于石台县七都镇伍村村叶家村民组的水口。树高20 m，胸围267 cm，平均冠幅8 m（东西7 m×南北9 m），树龄约500年。该树长势旺盛，与10510号圆柏、10511号圆柏组成叶家村民组的"水口林"。

树种：圆柏（*Juniperus chinensis* L.）

属柏科刺柏属，常绿乔木。

编号：10510。

简介：该树生长于石台县七都镇伍村村叶家村民组的水口。树高21 m，胸围270 cm，平均冠幅7.5 m（东西6 m×南北9 m），树龄约500年。该树长势旺盛，与10509号圆柏、10511号圆柏组成叶家村民组的"水口林"。

树种: 圆柏(*Juniperus chinensis* L.)

又名桧柏、柏树,属柏科刺柏属,常绿乔木。

编号: 10511。

简介: 该树生长于石台县七都镇伍村村叶家村民组的水口。树高19 m,胸围216 cm,平均冠幅6.5 m(东西6 m×南北7 m),树龄约500年。该树长势旺盛,与10509号圆柏、10511号圆柏组成叶家村民组的"水口林"。

树种:苦槠(*Castanopsis sclerophylla* (Lindl.) Schott.)

又名槠树,属壳斗科栲属,常绿乔木。

编号:10512。

简介:该树生长于石台县仁里镇缘溪村沈村村民组,位于缘溪公路的外沿。树高10 m,胸围502 cm,平均冠幅11.5 m(东西13 m×南北10 m),树龄约500年。目前树干已中空,长势一般。

树种：樟（*Cinnamomum camphora* (L.) Presl.）

又名香樟，属樟科樟属，常绿乔木。

编号：10513。

简介：该树生长于石台县仙寓镇利源村第五村民组，位于村庄下首的亭廊旁。树高28 m，胸围620 cm，平均冠幅22 m（东西22 m×南北22 m），树龄约510年。该树目前生长旺盛，与其他多株古树组成了村庄的"水口林"，得到有效保护。虽树龄已高，但长势不减。

树种：圆柏（*Juniperus chinensis* L.）

又名桧柏、柏树，属柏科刺柏属，常绿乔木。

编号：10514。

简介：该树生长于石台县仙寓镇竹溪村上、下屋村民组，位于道士观的水渠旁。树高18 m，胸围264 cm，平均冠幅9 m（东西9 m×南北9 m），树龄约500年。2013年，池州市林业局拨专款，采取了培土、加固等必要的保护措施，减缓了树体倾斜的趋势。目前该树虽出现基部中空和树体倾斜等现象，但长势尚可。

树 种：圆 柏（*Juniperus chinensis* L.）

又名桧柏、柏树，属柏科刺柏属，常绿乔木。

编号：10515。

简介：该树生长于石台县小河镇安元村墈上村民组，位于前往墈上的公路旁。树高10 m，胸围180 cm，平均冠幅5 m（东西5 m×南北5 m），树龄约500年。该树因生长于一个天然形成的石穴中，使得树木的生长受到了严重制约，长势一般。但得到了当地村民的妥善保护与管理。

树种: 圆柏(*Juniperus chinensis* L.), Ant.)

又名桧柏、柏树, 属柏科刺柏属, 常绿乔木。

编号: 10516。

简介: 该树生长于石台县小河镇安元村塝上村民组, 位于前往塝上的公路旁。树高11 m, 胸围285 cm, 平均冠幅6.5 m(东西6 m×南北7 m), 树龄约500年。该树长势旺盛。得到了当地村民的妥善保护与管理。据传, 此树系当地历史上非常有名的财主"双百万"——胡石基家族培育和保护而来。

树种：圆柏（*Juniperus chinensis* L.）

又名桧柏、柏树，属柏科刺柏属，常绿乔木。

编号：10517号。

简介：该树生长于石台县小河镇安元村塎上村民组，位于前往塎上的公路桥头旁。树高12 m，胸围248 cm，平均冠幅10.5 m（东西9 m×南北12 m）。树龄约500年。该树长势旺盛。得到了当地村民的妥善保护与管理。据传，此树为胡石基家族培育和保护而来。

树种: 糙叶树(*Aphananthe aspera* (Thunb.) Planch.)

又名糙叶榆、朴树,属榆科糙叶树属,落叶乔木。

编号: 10518号

简介: 该树生长于石台县小河镇龙山村花园村民组下首,位于安元公路旁。树高15 m,胸围453 cm,平均冠幅15.5 m(东西16 m×南北15 m)。树龄约500年。该树目前生长旺盛。

第二节 二 级 古 树

　　石台县二级古树共计414株，36种，隶属于20科32属，其中隶属于银杏科的银杏、柏科的圆柏和金缕梅科的枫香树，数量较多，分别有58株、49株和42株，占比达14.0％、11.8％和10.1％；数量超过10株的古树还有苦槠(28株)、樟(28株)、麻栎(27株)、槲树(24株)、黄连木(19株)、木犀(18株)、皂荚(15株)和石楠(14株)等8个树种，占二级古树总量的41.8％；数量少于10株的古树有糙叶树、黑壳楠、枫杨、青檀、马尾松、朴树、甜槠、小叶青冈、槐树、榉树、青冈、三角枫、珊瑚朴、黄杨、山茱萸、细叶青冈、黄檀、玉兰、豹皮樟、椆榆、罗汉松、枳椇、赤杨叶、女贞、紫楠等25个树种，占二级古树总量的22.2％。

　　对二级古树的胸围和估测树龄进行统计，结果显示二级古树胸围主要集中在200－499 cm，其中胸围在200－299 cm的古树有153株，占二级古树总量的37.0％；300－399 cm的有129株，占比31.2％。胸围最大的二级古树为20268号银杏，胸围达770 cm，估测树龄为350年，位于大演乡剡溪村学校背面；胸围最小的仅65 cm，为20197号黄杨，估测树龄为350年，生长于仙寓镇珂田村夏坑村民组；年龄最大是位于仙寓镇奇峰村汪家村民组的20148号银杏(490年)，二级古树估测树龄主要集中在300－400年，有378株，占比达91.3％。

　　二级古树在石台县各乡镇的分布情况来看，七都镇有147株，在8个乡镇中数量最多，占比达35.5％，仙寓镇次之(77株)，占比18.6％，数量最少的乡镇为矶滩乡(仅5株)，占比约1.2％。其他乡镇二级古树依次为大演乡71株、横渡镇49株、仁里镇27株、小河镇25株、丁香镇13株。

石台县二级古树分布图

1. 豹皮樟 (*Litsea coreana* Levl. var. *sinensis* (C. K. Allen) Yen C. Yang et P. H. Huang)

又名扬子黄肉樟,属樟科木姜子属,常绿乔木。

豹皮樟作为二级古树,在石台县仅有一株(编号:20126),生长于七都镇七井村,其主干略中空,长势中等。

编号:20126
七井村豹皮樟

2. 糙叶树（*Aphananthe aspera*（Thunb.）Planch.）

又名糙叶榆，属榆科糙叶树属，落叶乔木。

糙叶树生长迅速，因叶面被刚伏毛、粗糙，故名糙叶树，作为二级古树，石台县共有8株，分别位于仙寓镇（2株）、大演乡（5株）及横渡镇（1株），长势中等至良好。

编号：20225

永福村杨家园糙叶树，示整体

编号:20238
新农村合水坑糙叶树,示主干

编号:20227
永福村二组糙叶树,示整体

编号:20338
河西村石桥步糙叶树,示整体

编号:20209
珂田村古稀亭糙叶树,示主干

编号:20185

大山村市里三组糙叶树,示整体

编号:20275

新联村文孝庙糙叶树,示主干

3. 赤杨叶 (*Alniphyllum fortunei* (Hemsl.) Makino)

属安息香科赤杨叶属,落叶乔木。
本种分布较广、适应性较强,生长迅速,阳性树种。为
二级古树,赤杨叶仅在仙寓镇大山村来垅山有一株生
长,长势良好。

编号:20181
大山村来垅山赤杨叶,示树冠

编号:20181
大山村来垅山赤杨叶,示主干及根部

4. 榧树(*Torreya grandis* Fort. et Lindl. 'Merrillii')

又名榧子树、榧树,属红豆杉科榧树属,常绿乔木。
为我国特有树种,种子为著名的干果——香榧,亦可
榨食用油;其假种皮可提炼芳香油(香榧壳油)。作为
二级古树,榧树在石台县内较多,共计24株,其中七都
镇11株、仙寓镇1株、横渡镇12株,其中编号为
20142、20308、20309的3株长势较差外,其余长势中
等至良好。

编号:20142
七井村周村榧树,示整体

编号:20136
七井村济下坑榧树,示根部

编号:20299

兰关村五形店榉树,示主干

编号:20133

七井村济下坑榉树,示主干

编号:20313

兰关村余家田榉树,示整体

编号:20208

大山村双坑阳边榉树,示整体

5. 枫香树（*Liquidambar formosana* Hance）

又名枫树，属金缕梅科枫香树属，落叶乔木。

枫香树分布广泛，国内秦岭及淮河以南各省均可见。作为二级古树，枫香树在石台县分布较多，共计有42株，其中七都镇11株、仙寓镇12株、大演乡10株、横渡镇2株、仁里镇1株、小河镇3株、丁香镇3株。除七都镇高路亭村委会一株（编号：20001）死亡外，其余41株长势中等至良好。

编号：20391
栗阳村枫香树，示主干

编号：20401
华桥村坞里湖枫香树，示整体

编号:20407

西柏村胡西脚枫香树,示树冠

编号:20001

高路亭村枫香树,示整体

编号:20001

高路亭村枫香树,示自然死亡后整体

6. 枫杨 (*Pterocarya stenoptera* C. DC.)

又名大叶柳,属胡桃科枫杨属,落叶乔木。

枫杨主要分布于黄河流域以南,常见生长生于沿溪涧河滩、阴湿山坡地的林中。作为二级古树,枫杨在石台县境内共有7株,其中七都镇分布最多,有4株;仙寓镇、大演乡、横渡镇各有一株。这7株枫杨长势中等至良好。

编号:20021
七都村查上桥枫杨,示整体

编号:20158
奇峰村汪枫杨,示整体

编号:20020
黄河村焦坑枫杨,示整体

编号:20073
七井村黄水坑枫杨,示主干

编号:20340
河西村桃花培枫杨,示主干

编号:20236
大演乡新农村合水坑枫杨,示整体

7. 黑壳楠 (*Lindera megaphylla* Hemsl.)

属樟科山胡椒属,常绿乔木。

黑壳楠果皮、叶含芳香油,油可作调香原料,木材纹理直,结构细,可作装饰薄木、家具及建筑用材。作为二级古树,黑壳楠在石台县境内共有8株生长,七都镇和仙寓镇各3株、大演乡2株,长势中等至良好。

编号:20202
山溪村黑壳楠,示整体

编号：20139
七井村济下坑黑壳楠，示整体

8. 槐树（*Sophora japonica* Linn.）

又名国槐，属豆科槐属，落叶乔木。

槐树原产中国，现南北各省区广泛栽培，其树冠优美，花芳香，是行道树和优良的蜜源植物。作为二级古树，槐树在石台县境内共有4株，分布于七都镇2株、仁里镇和丁香镇各1株，长势中等至良好。

编号：20402

华桥村槐树，示整体

编号:20067

伍村村东图铙钹墩槐树,示整体

编号:20067

伍村村东图铙钹墩槐树,示主干

编号:20080

七井村张村组槐树,示整体

9. 黄连木 (*Pistacia chinensis* Bunge)

又名黄连茶,属漆树科黄连木属,落叶乔木。

黄连木产长江以南各省区及华北、西北。作为二级古树,黄连木在石台县共有19株,其中七都镇和仙寓镇各4株、大演乡和丁香镇各1株、横渡镇和仁里镇各2株、小河镇5株,除七都镇(编号:20118)和大演乡(编号:20230)各一株长势中等外,其余长势均良好。

编号:20336
香口村小学黄连木,示主干

编号:20336
香口村小学黄连木,示整体

编号:20375
来田村上坦黄连木,示主干

编号:20400
梓桐村门坳黄连木,示整体

编号:20390
尧田村黄连木,示整体

编号:20230
新火村村部黄连木,示主干

编号:20011
六都村太平山黄连木,示主干

10. 黄檀（*Dalbergia hupeana* Hance）

又名檀树,属豆科黄檀属,落叶乔木。
黄檀在我国分布颇广,木材黄色或白色,
材质坚密。作为二级古树,黄檀在石台县
仅有两株分布,一株位于七都镇七井村,
一株位于横渡镇兰关村,两株长势均
良好。

编号:20057
七井村黄檀,示主干

编号:20311
兰关村金子山黄檀,示整体

编号:20311
兰关村金子山黄檀,示主干

11. 黄杨 (*Buxus sinica* (Rehd. et Wils.) Cheng)

又名瓜子黄杨,属黄杨科黄杨属,常绿灌木或小乔木。黄杨产中国多省区,栽培变种较多。作为二级古树,黄杨仅在石台县仙寓镇有三株分布,长势均良好。

编号:20197
珂田村夏村黄杨,示整体

编号:20195
珂田村夏坑黄杨,示整体

编号:20196
珂田村承前屋黄杨,示整体

12. 榉树（*Zelkova serrata*（Thunb.）Makino）

又名大叶榉，属榆科榉属，落叶乔木。榉树树形端庄，秋季树叶变成褐红色，极具观赏价值。作为二级古树，榉树在石台县仅在七都镇有四株，除八棚村一株长势中等，其余3株长势良好。

编号：20043

八棚村榉树，示整体

编号：20032

高路亭村石印坑榉树，示树冠

编号：20045

七都村南坞榉树，示整体

13. 苦槠（*Castanopsis sclerophylla*（Lindl.）Schott.）

又名槠树,属壳斗科锥属,常绿乔木。

苦槠产长江以南五岭以北各地,西南地区仅见于四川东部及贵州东北部。作为二级古树,苦槠在石台县内分布较多,共计28株,其中七都镇、仁里镇、丁香镇各有1株、仙寓镇5株、大演乡8株、横渡镇7株、小河镇2株、矾滩镇3株,除丁香镇1株(编号:20397)长势较差,后期需要跟踪管护外,其他植株长势中等至良好,且良好占比较高。

编号:20213

占坡村施家苦槠,示整体

编号:20277

新联村庄门苦槠,示树冠

编号:20319
鸿陵村石林路苦槠,示整体

编号:20414
洪墩村岭头苦槠,示主干

编号:20397
梓桐村白岭苦槠,示主干

编号:20414
洪墩村岭头苦槠,示整体

14. 榔榆(*Ulmus parvifolia* Jacq.)

又名小叶榆,属榆科榆属落叶乔木。

榔榆喜光,耐干旱,在酸性、中性及碱性土上均能生长,为四旁绿化习见树种。作为二级古树,榔榆在石台县仅有一株生长,位于仁里镇同心村,其主杆上部枯死,仅在5 m高主干一侧有一枝丫存活,长势较差。

编号:20367

同心村林业村民组榔榆,示整体

15. 罗汉松(*Podocarpus macrophyllus* (Thunb.) D. Don)

又名江南柏,属罗汉松科罗汉松属,常绿乔木。

罗汉松常见栽培于庭园作观赏树,野生植株极少。作为二级古树,罗汉松在石台县仅有一株,位于仙寓镇珂田村,其长势良好。

编号:20199

珂田村前山罗汉松,示整体

示果实

16. 麻栎（*Quercus acutissima* Carruth.）

又名麻栎子，属壳斗科栎属，落叶乔木。

麻栎在国内大多数省区市均有分布，是荒山瘠地造林的先锋树种。作为二级古树，麻栎在石台县分布较多，共计27株，其中七都镇最多，有13株，大演乡和横渡镇各5株，仁里镇和丁香镇各2株。除横渡镇一株（编号：20315）因人为火烧至基部空洞，需及时填补空洞及跟踪管护外，其余植株长势中等至良好。

编号：20104

七井村乱石里麻栎，示整体

编号：20315

兰关村小河岗麻栎，示整体

编号：20404
梓桐村梓园村麻栎，示整体

编号：20323
横渡村广平下首麻栎，示整体

编号：20405
梓桐村大庙麻栎，示主干

编号：20112
七井村乱石里麻栎，示树冠

17. 马尾松(*Pinus massoniana* Lamb.)

属松科松属，常绿乔木。

马尾松分布极广，为荒山恢复森林的先锋树种。作为二级古树，马尾松仅于石台县小河镇梓丰村有6株生长，这6株马尾松距离较近，除编号为20379的1株外，其余5株均已死亡。

编号：20384
梓丰村枞树包马尾松，示树冠

编号：20382
梓丰村枞树包马尾松，示主干

编号：20379
梓丰村枞树包马尾松，示整体

18. 木犀（*Osmanthus fragrans*（Thunb.）Lour.）

又名桂花,属木犀科木犀属,常绿乔木或灌木。

木犀原产我国西南部,现各地广泛栽培,因其花香清可绝尘,浓能远溢,自古就深受中国人的喜爱,被视为传统名花。作为二级古树,木犀在石台县共有18株,其中七都镇8株、仙寓镇6株、横渡镇1株、仁里镇2株、丁香镇1株,除七都镇两株(编号:20004、20009)长势中等外,其余均长势良好。

左编号:20015,右编号:200156
银堤村益古阡木犀,示主干

编号:20009
芳村村和尚地木犀,示主干

编号:20167
大山村洪村小车田木犀,示主干

左编号:20015,右编号:200156
银堤村益古阡木犀,示整体

编号:20009
芳村村和尚地木犀,示整体

19. 女贞（*Ligustrum lucidum* Ait.）

属木犀科女贞属，常绿乔木。

女贞为亚热带树种，枝叶茂密，树形整齐，是常用观赏树种，广泛分布于长江流域及以南地区。作为二级古树，女贞仅于七都镇七井村有1株生长，目前长势良好。

编号：20063

伍村村中洪宕水口女贞，示树冠

编号：20063

伍村村中洪宕水口女贞，示主干

20. 朴树（*Celtis sinensis* Pers.）

又名黄果朴，属榆科朴属，落叶乔木。其树冠圆满宽广，树荫浓郁，长作为绿化树种，分布于淮河流域、秦岭以南至华南各省区。作为二级古树，朴树在石台县内有6株分布，其中七都镇、仁里镇、小河镇、矶滩乡各有1株，大演乡2株，仅1株（编号：20097）长势中等，其余均长势良好。

编号：20282
青联村吴家村朴树，示根部

编号：20372
莘田村朴树，示主干

编号：20261
大演乡新农村小土地庙朴树，示主干

编号：20261

大演乡新农村小土地庙朴树，示树冠

编号：20412

塔坑村谷雨尖朴树，示整体

编号：20372

莘田村朴树，示整体

21. 青冈(*Cyclobalanopsis glauca* (Thunb.) Oerst.)

又名青栲、铁栎,属壳斗科青冈属常绿乔木。青冈产秦岭、淮河流域以南至西藏东南部的各省区。作为二级古树,青冈在石台县境内有4株分布,其中横渡镇1株、仁里镇1株、小河镇2株,长势均良好。

编号:20377
栗阳村大王庙青冈,示主干

编号:20302
兰关村来龙山青冈,示整体

编号：20302

兰关村来龙山青冈，示树冠

编号：20369

同心村遇壁岩青冈，示整体

22. 青檀（*Pteroceltis tatarinowii* Maxim.）

又名檀皮,属榆科青檀属,落叶乔木。青檀为中国特有的单种属,其茎皮、枝皮纤维为制造驰名国内外的宣纸的优质原料。作为二级古树,青檀在石台县共有7株,其中七都镇3株、大演乡1株、横渡镇2株、仁里镇1株,长势中等至良好。

编号:20328
历坝村土地庙青檀,示主干

编号:20370
同心村唐家青檀,示整体

编号:20098
七井村岳岭头青檀,示整体

编号:20370

同心村唐家青檀,示茎基部

编号:20328

历坝村土地庙青檀,示整体

编号:20099

七井村岳岭头青檀,示主干

23. 三角枫(*Acer buergerianum* Miq.)

又名桠枫,属槭树科槭属,落叶乔木。三角枫产中国长江中下游地区,黄河流域有栽培。作为二级古树,三角枫在石台县共有4株,其中七都镇3株、大演乡1株,长势中等至良好。

编号:20026
高路亭村中龙山水口三角枫,示主干

编号:20229
新火村洪家段三角枫,示整体

编号:20084
七井村阳边庙三角枫,示整体

编号：20064

伍村村陈村三角枫，示整体

24. 山茱萸（*Cornus officinalis* Sieb. et Zucc.）

又名枣皮，属山茱萸科山茱萸属，落叶乔木或灌木。
山茱萸的果实称"萸肉"，俗名枣皮，供药用。作为二
级古树，山茱萸在石台县内仅七都镇有三株生长，长
势中等至良好。

编号：20055
八棚村上画坑山茱萸，示丛生枝

编号：20075
七井村葡萄坦山茱萸，示丛生枝

编号：20075

七井村葡萄坦山茱萸，示整体

编号：20066

伍村村东图山茱萸，示丛生枝

25. 珊瑚朴(*Celtis julianae* Schneid.)

又名棠壳子树,属榆科朴属,落叶乔木。作为二级古树,珊瑚朴在石台县内共有4株,七都镇2株长势中等,仙寓镇2株长势良好。

编号:20116
七井村银坑凤形珊瑚朴,示根部

编号:20131
七井村济下坑珊瑚朴,示主干

编号:20176
大山村王村珊瑚朴,示主干

26. 石楠（*Photinia serratifolia*（Desf.）Kalkman）

又名扇骨木，属蔷薇科石楠属，常绿灌木或小乔木。

树叶丛浓密，嫩叶红色，花白色、密生，冬季果实红色，是常见的栽培树种。作为二级古树，石楠在石台县共有14株，其中七都镇6株、仙寓镇2株、大演乡1株、仁里镇5株，长势中等至良好。

编号：20047
八棚村上画坑石楠，示主干

编号：20361
高宝村社屋塘石楠，示整体

编号：20178
大山村王村石楠，示主干

编号：20292
青联村杨家村下首石楠，示整体

编号：20362
高宝村社屋塘村口石楠，示整体

27. 甜槠 (*Castanopsis eyrei* (Champ.) Tutch.)

又名槠树,属壳斗科锥属,常绿乔木。

为丘陵至亚高山常绿阔叶林的主要树种之一,作为二级古树,在石台县内仅仙寓镇有5株,长势均良好。

编号:20169

大山村李村甜槠,示整体

编号:20182
大山村河边桥头甜槠,示整体

编号:20180
大山村来垅甜槠,示主干

编号:20170
大山村村口上首甜槠,示整体

28. 细叶青冈（*Quercus shennongii* C. C. Huang et S. H. Fu）

又名青栲，属壳斗科栎属，常绿乔木。

作为二级古树，细叶青冈仅于石台县仙寓镇大山村有三株生长，且距离较近，长势良好。

编号：20205

大山村仙姑坟细叶青冈，示主干

编号：20206

大山村仙姑坟细叶青冈，示整体

29. 小叶青冈（*Quercus myrsinifolia* Blume）

又名青栲，属壳斗科栎属，常绿乔木。

小叶青冈产中国大部分省区，木材坚硬，不易开裂。作为二级古树，在石台县共有5株，除一株生长于大演乡新火村一组，其余4株均生长于七都镇高路亭村，且均长势良好。

编号：20228

新火村洪家段下首小叶青冈，示整体

编号：20029

高路亭村来垅山水口小叶青冈，示主干

30. 银杏（*Ginkgo biloba* L.）

又名白果，属银杏科银杏属，落叶乔木。

银杏为中生代孑遗的稀有树种，系我国特产。作为二级古树，在石台县内分布较多，共计58株，其中七都镇24株、仙寓镇13株、大演乡6株、横渡镇9株、仁里镇和丁香镇各3株。这58株银杏，一半以上长势良好，剩余的长势中等。

编号：20409

西柏村柏山五昌庙银杏，示整体

编号:20044

八棚村银杏,示丛生枝

编号:20357

高宝村曹垄银杏,示整体

编号：20070

八棚村同乐银杏，示整体

编号：20234

大演乡新农村唐家下首银杏，示整体

编号：20399

梓桐村汪家尖银杏，示整体

编号：20409

西柏村柏山五昌庙银杏，示主干

31. 玉兰 (*Yulania denudata* (Desr.) D. L. Fu)

异名为*Magnolia denudata* Desr.,又名木兰、白玉兰,属木兰科玉兰属,落叶乔木。玉兰早春开花,花大而芳香,具有很高的观赏价值,现全国各大城市园林广泛栽培。作为二级古树,玉兰在石台县共有两株,分别位于七都镇的伍村村和七井村,长势良好。

示白玉兰花

编号:20100
七井村岳岭头白玉兰,示整体

编号:20062
伍村村里洪宕白玉兰,示整体

32. 圆柏(*Juniperus chinensis* L.)

又名柏树,属柏科刺柏属,常绿乔木。在我国分布较广,各地多栽培。作为二级古树,圆柏在石台县内有较多的分布,共计49株,其中七都镇27株、仙寓镇6株、大演乡2株、横渡镇和小河镇各4株、仁里镇5株、矶滩乡1株,一半以上长势良好,其余长势中等。

编号:20385

梓丰村芦塘村口圆柏,示整体

编号:20019

三甲村黄家田边圆柏,示整体

编号:20350

永丰村柯村中畈圆柏,示整体

编号:20354

杜村村马力坑桥圆柏,示根部

编号:20191

竹溪村柏树凹圆柏,示整体

编号:20078

七井村前村圆柏,示整体

编号:20034

八棚村程家圆柏,示整体

33. 皂荚（*Gleditsia sinensis* Lam.）

又名皂角树,属豆科皂荚属,落叶乔木。

皂荚木材坚硬,为车辆、家具用材,荚果煎汁可代肥皂用以洗涤丝毛织物。作为二级古树,皂荚在石台县共有15株,其中七都镇8株,仙寓镇和小河镇各2株,横渡镇、仁里镇和丁香镇各1株。各株长势中等至良好。

编号:20365
贡溪村张家皂荚,示整体

编号:20386
梓丰村里叶村皂荚,示根部及主干

编号:20079
七井村张村组皂荚,示整体

编号:20033

八棚村皂荚,示主干及树冠

编号:20296

兰关村里屋前山皂荚,示整体

编号:20373

莘田村下街路边皂荚,示整体

编号:20065

伍村村陈村皂荚,示主干

34. 樟（*Cinnamomum camphora* (L.) Presl）

又名香樟、樟树,属樟科樟属,常绿乔木。

樟产南方及西南各省区,为常见的园林绿化树种。作为二级古树,石台县分布较多,共计28株,其中仅4株分布于仙寓镇,其余24株均分布于大演乡,大多数长势良好,少量长势中等。

编号:20226

永福村二组河边樟,示主干及树冠

编号：20242

大演乡孙家下首樟，示树冠

编号：20235

大演乡合水坑下首樟，示整体

编号：20237

大演乡合水坑下首樟，示主干

35. 枳椇（*Hovenia acerba* Lindl.）

又名金钩子、拐枣，属鼠李科枳椇属，落叶乔木。果序轴肥厚、含丰富的糖，可生食、酿酒、熬糖，民间常用以浸制"拐枣酒"。作为二级古树，枳椇在石台县仅仙寓镇山溪村有一株（编号：20203），目前长势良好。

编号：20203

山溪村陈家下首枳椇，示整体

36. 紫楠(*Phoebe sheareri* (Hemsl.) Gamble)

又名金丝楠,属樟科楠属,常绿大灌木至乔木。
紫楠木材纹理直,结构细,质坚硬,耐腐性强,作建筑、
造船、家具等用材。作为二级古树,紫楠在石台县内
仅于大演乡新农村有1株生长(编号:20249),长势
良好。

编号:20249
新农村坳头组下首紫楠,示主干及树冠

第三节 三级古树

　　石台县三级古树共计940株,58种,隶属于28科46属,其中隶属于银杏科的银杏数量最多,有217株,占三级古树数量的23.1%,数量超过100株的还有柏科的圆柏(102株)和金缕梅科的枫香树(101株),二者比例分别为10.9%和10.7%。数量在10株(含10株)以上的还有黄连木、木犀、苦槠、皂荚、樟、枫杨、石楠、三角枫、糙叶树、女贞、槐树、黑壳楠、榉树、玉兰、朴树等15个树种,共计396株,占比42.1%。数量小于10株的三级古树种类较多,共有40个树种,共计124株。

　　针对三级古树的胸围和估测树龄进行统计,结果显示三级古树胸围主要集中在100—299 cm之间,占比近83.0%,其中100—199 cm的有439株、200—299 cm的有341株。三级古树胸围最大775 cm,为30017号枫杨,位于七都镇启田村梓里阡村民组,估测古树为240年;胸围最小值为30 cm,为30014号和30077号银杏,分别位于七都镇启田村梓里阡村民组和七都镇银堤村团结村民组,估测树龄均为100年。

　　对三级古树的分布地点进行统计,其中七都镇三级古树的数量超过石台县其余7个乡镇三级古树的总量,有480株,占比接近51.1%;数量最少的为矶滩乡,仅有11株,占比不足1.2%。其他乡镇三级古树的分布数量依次为仙寓镇132株、大演乡93株、横渡镇87株、小河镇64株、丁香镇50株、仁里镇23株。

石台县三级古树分布图

1. 白栎（*Quercus fabri* Hance）

又名白栗子,属壳斗科栎属,落叶乔木。白栎果实名橡子,富含淀粉,可酿酒或制白栎腐干,具有较高的食用价值。作为三级古树,白栎在石台县共有9株,全部位于七都镇七井村,所有植株长势均为中等。

编号:30435
七井村银坑龟形白栎,示整体

编号:30433(左),编号:30434(右)
七井村银坑龟形白栎,示主干

编号:30439
七井村银坑龟形白栎,示主干

2. 薄叶润楠(*Machilus leptophylla* Hand.-Mazz.)

又名华东楠,属樟科润楠属,常绿乔木。

中国特有品种,树皮可提树脂,种子亦可榨油。作为三级古树,薄叶润楠在石台县分布较少,仅有5株,其中仙寓镇1株,大演乡3株,丁香镇1株。编号30662及30663因主杆枯死及树干中空,现状濒危,长势中等,后期需加强管护;其余3株长势良好。

编号:30918

西柏村毛山头薄叶润楠,示整体

编号:30691
青联村四方排脚薄叶润楠,示整体

编号:30662
新联村三组薄叶润楠,示主干

编号:30663
新联村三组薄叶润楠,示整体

3. 豹皮樟(*Litsea coreana* var. *sinensis* (C. K. Allen) Yen C. Yang et P. H. Huang)

介绍见二级古树豹皮樟。

作为三级古树,豹皮樟在石台县分布于七都镇(6株)和大演乡(2株),除七都镇1株(编号30025)因树干基部枯死长势较差,其余植株长势中等至良好。

编号:30687
青联村下破石豹皮樟,示整体

编号:30390
七井村阳边豹皮樟,示主干

4. 糙叶树（*Aphananthe aspera* (Thunb.) Planch.）

介绍见二级古树糙叶树。

作为三级古树，糙叶树在石台县内共有18株，相对均匀地分布于各乡镇，其中七都镇、大演乡和丁香镇各有2株，仙寓镇和小河镇各有3株，横渡镇5株，仁里镇1株。除个别（编号：30673）长势中等外，其余均长势良好。

编号：30533

珂田村毛树墩糙叶树，示整体

编号:30481

奇峰村汪家下首糙叶树,示树冠

编号:30789

河西村汪村糙叶树,示整体

编号:30673

新联村文孝庙糙叶树,示主干

5. 侧柏(*Platycladus orientalis* (L.) Franco)

又名扁柏、扁桧,属柏科侧柏属,常绿乔木。

侧柏多用于阳坡及平原造林用,也常作庭园树栽培,其木材淡黄褐色,富树脂,材质细密,耐腐力强,坚实耐用。作为三级古树,侧柏在石台县内仅仅在小河镇安元村有一株(编号:30877),长势良好。

编号:30877
安元村里河侧柏,示整体

6. 刺柏（*Juniperus formosana* Hayata）

又名柏枝、岩柏,属于柏科刺柏属,常绿乔木

刺柏为为我国特有树种,分布很广,小枝下垂,树形美观,在长江流域各大城市多栽培作庭园树。作为三级古树,刺柏在石台县内分布较少,共计3株,其中仙寓镇2株、横渡镇1株,长势均良好。

编号:30573
利源村七组下首刺柏,示整体

编号:30761
历坝村杜家田刺柏,示整体

7. 刺楸(*Kalopanax septemlobus* (Thunb.) Koidz.)

属五加科刺楸属,落叶乔木。

刺楸在国内分布广泛,多生于阳性森林、灌木林中和林缘,除野生外,也有栽培。作为三级古树,刺楸仅位于大演乡新农村有1株生长,长势中等。

8. 刺 榆（*Hemiptelea davidii*（Hance）Planch.）

属榆科刺榆属,落叶乔木。

刺榆耐干旱,各种土质易于生长,为干旱瘠薄地带的重要绿化树种,园林绿化多作绿篱应用。作为三级古树,刺榆仅在七都镇的八棚村和伍村村各有1株生长,两株长势中等。

编号:30233
八棚村岗山刺榆,示部分主干

编号:30334
伍村村陈村刺榆,示整体

9. 大果冬青（*Ilex macrocarpa* Oliv.）

属冬青科冬青属，落叶乔木。

大果冬青花白而香，叶坚挺而有光泽，常作园林观赏用。作为三级古树，大果冬青在石台县仅矾滩乡高乐村有1株生长，长势良好。

编号：30805

贡溪村卢家村大叶冬青，示整体

10. 大叶冬青(*Ilex Cotifolia* Thunb.)

属冬青科冬青属,常绿乔木。

大叶冬青分布于长江下游各省及福建等地,叶、花、果色相变化丰富,且适应性强,较耐寒、耐阴,是理想的绿化树种,同时叶可制作苦丁茶,具有较高的药用价值。作为三级古树,大叶冬青在石台县内共有5株,其中七都镇2株,仙寓镇、仁里镇和矶滩乡各1株,长势均良好。

编号:30805
贡溪村卢家村大叶冬青,示整体

编号:30003
高路亭村马石墩大叶冬青,示整体

编号:30938
矶滩村栗树下大叶冬青,示整体

编号:30505
大山村王村河大叶冬青,示整体

11. 榧树（*Torreya grandis* Fort. et Lindl. 'Merrillii'）

介绍见二级古树榧树。

作为三级古树，榧树在石台县共计有12株，其中七都镇3株，仙寓镇和仁里镇各1株，横渡镇7株，除七都镇3株（编号：30134、30455、30457）长势中等，其余植株均长势良好。

编号：30797

高宝村榧树，示整体

编号:30709
兰关村榧树,示整体

编号:30710
兰关村长塘上榧树,示主干及根部

编号:30713
兰关村榧树,示主干

编号:30134
河口村榧树,示整体

12. 枫香树(*Liquidambar formosana* Hance)

介绍见二级古树枫香树。

作为三级古树,枫香树在石台县内分布较多,共计101株,其中七都镇40株,仙寓镇15株,大演乡和横渡镇各14株,仁里镇3株,小河镇11株,丁香镇和矶滩乡各2株,其中仅七都镇有1株(编号:30129)长势较差,其余均是中等至良好,且良好占比较高。

编号:30889

华桥村张潭枫香树,示整体

编号:30893

梓桐村塘里枫香树,示主干

编号:30809

贡溪村张家村口枫香树,示整体

编号:30153

高路亭村中龙山枫香树,示整体

编号:30822

九步村马屋施枫香树,示整体

编号:30793

三增村梓桐岭枫香树,示整体

编号：30582

利源村天马形枫香树，示树冠

编号：30695

青联村燕窝枫香树，示整体

编号：30087

银堤村来垅山枫香树，示整体

13. 枫杨(*Pterocarya stenoptera* C. DC.)

介绍见二级古树枫杨。

作为三级古树,枫杨在石台县内分布较多,共计29株,其中七都镇7株、仙寓镇4株、大演乡9株、横渡镇和小河镇各3株、丁香镇2株、仁里镇1株,除七都镇1株(编号:30017)长势较差,其他植株长势中等至良好,且良好占比较高。

编号:30618
新火村下里坡枫杨,示整体

编号:30054
芳村村枫杨,示主干

编号:30059

三甲村岭脚枫杨,示整体

编号:30919

西柏村柏山河枫杨,示整体

编号:30616

新火村下里坡枫杨,示整体

编号:30017

启田村外屋枫杨,示整体

14. 黑壳楠（*Lindera megaphylla* Hemsl.）

介绍见二级古树黑壳楠。

作为三级古树，黑壳楠在石台县内有12株生长，其中七都镇4株，仙寓镇和大演乡各3株，小河镇2株，长势中等至良好。

编号：30680
新联村黑壳楠，示整体

编号：30159
高路亭村中龙山黑壳楠，示整体

编号:30555

珂田村古稀亭黑壳楠,示主干

编号:30705

青联村四青八组黑壳楠,示主干
及根部

编号:30557

珂田村古稀亭黑壳楠,示主干

编号:30040

六都村太平山组黑壳楠,示主干
及树冠

15. 红果冬青(*Ilex corallina* Franch.)

又名红珊瑚、珊瑚冬青,属冬青科冬青属,常绿灌木或乔木。

作为三级古树,红果冬青在石台县内分布较少,仅七都镇八棚村有2株生长,其中30237
号长势中等,30257号长势良好。

编号:30257

八棚村上画坑红果冬青,示主干

编号:30237

八棚村下画坑红果冬青,示主干

16. 红楠(*Machilus thunbergii* Sieb. et Zucc.)

又名楠子木,属樟科润楠属,常绿乔木。

红楠生于山地阔叶混交林中,在东南沿海各地低山地区,可选用红楠为用材林和防风林树种,也可作为庭园树种。作为三级古树,红楠在石台县仅于大演乡新农村有1株生长(编号:30639),长势良好。

编号:30639
新农村委会坳头组下首,示整体及主干

17. 化香树 (*Platycarya strobilacea* Siebold et Zucc.)

又名山麻柳,属胡桃科化香树属,落叶乔木。

化香树是一种速生多用途的绿化树种,也是荒山造林先锋树种之一。作为三级古树,在石台县内仅七都镇七井村有1株生长(编号:30418),长势中等。

编号:30418

七井村委会乱石里,示整体及主干

18. 槐树（*Sophora japonica* Linn.）

介绍见二级古树槐树。

作为三级古树，槐树在石台县内共有13株生长，其中七都镇11株，小河镇2株，长势中等至良好。

编号：30846

樟村村五昌庙槐树，示整体

编号：30230

八棚村瓦屋屋后槐树，示树冠

编号：30230

八棚村瓦屋屋后槐树，示整体

编号：30339

伍村村铙钹墩槐树，示整体

19. 黄连木(*Pistacia chinensis* Bunge)

介绍见二级古树黄连木。

作为三级古树,黄连木在石台县内有较多分布,共计62株,其中七都镇26株,仙寓镇6株,大演乡2株,横渡镇3株,小河镇15株,丁香镇9株,除丁香镇2株(编号:30878、30879)分别出现白蚁侵害及基部一侧腐烂导致长势较差外,其余植株长势中等至良好。

编号:30562

占坡村南山黄连木,示整体

编号:30865

安元村铁炉塘黄连木,示整体

编号:30821

来田村黄连木,示整体

编号:30327

伍村村陈村黄连木,示整体

21. 君迁子 (*Diospyros lotus* L.)

又名野柿,属柿科柿属,落叶乔木。君迁子为阳性树种,枝叶多呈水平伸展,生长较速,寿命较长,成熟果实可供食用,亦可制成柿饼,实生苗常用作柿树的砧木。作为三级古树,在石台县内分布较少,七都镇2株及大演乡有1株,七都镇2株长势良好,大演乡1株长势中等。

编号:30668
新联村三组君迁子,示主干

编号:30255
八棚村上画坑君迁子,示主干

编号:30183
八棚村阴边君迁子,示主干及树冠

编号:30668

新联村三组君迁子,示主干及树冠

22. 苦槠(*Castanopsis sclerophylla* (Lindl.) Schott.)

介绍见二级古树苦槠。

作为三级古树,苦槠在石台县分布数量较多,共计40株,其中七都镇3株,仙寓镇和小河镇各6株,大演乡11株,横渡镇9株,丁香镇4株,矶滩乡1株,除七都镇和丁香镇各1株因基部空腐、主梢死亡长势较差外,其余植株长势中等至良好,且良好占比较高。

编号:30916

西柏村大垅苦槠,示整体

编号:30693

青联村燕窝苦槠,示树冠

编号:30936

塔坑村齐山堆边苦槠,示整体

编号：30852
郑村村下陶冲苦槠，示主干

编号：30849
尧田村果木山苦槠，示主干及树冠

编号：30653
大演乡龙门潭苦槠，示整体

23. 栗（*Castanea mollissima* Bl.）

又名栗子树，属壳斗科栗属，落叶乔木。

栗除青海、宁夏、新疆、海南等少数省区外广布南北各地，果实栗子除富含淀粉外，尚含多种营养物质，极具食用价值。作为三级古树，栗在石台县仅有1株分布（编号：30807），位于仁里镇贡溪村，虽主梢枯死折断，但长势依然良好。

编号：30807
仁里镇贡溪村栗，示整体

24. 亮叶厚皮香（*Ternstroemia nitida* Merr.）

又名四季青，属茶科厚皮香属，常绿乔木。

亮叶厚皮香多生于海拔200—850 m的山地林中、林下或溪边荫蔽地。作为三级古树，亮叶厚皮香在石台县仅七都镇六都村太平山有1株分布（编号：30046），长势良好。

编号：30046

六都村太平山松树棵亮叶厚皮香

25. 麻栎(*Quercus acutissima* Carruth. Schott.)

介绍见二级古树麻栎。

作为三级古树,麻栎在石台县分布数量较少,共计9株,其中七都镇、仙寓镇、大演乡及矶滩乡各1株,横渡镇2株,丁香镇3株。除七都镇1株(编号:30338)长势中等,其余植株长势良好。

编号:30682
新联村象形茶园脚麻栎,示整体

编号：30902

梓桐村大庙边麻栎,示整体

编号：30896

梓桐村树茂塘麻栎,示整体

编号：30730

鸿陵村鸡公形麻栎,示整体

编号:30149
毕家村坳口塘马尾松,示主干

26. 马尾松(*Pinus massoniana* Lamb.)

介绍见二级古树马尾松。

作为三级古树,马尾松在石台县内仅
七都镇毕家村有1株生长,长势良好。

编号:30149
毕家村坳口塘马尾松,示根部

编号:30149
毕家村坳口塘马尾松,示整体

27. 木犀（*Osmanthus fragrans*（Thunb.）Lour.）

介绍见二级古树木犀。

作为三级古树,木犀在石台县内分布较多,共计57株,其中七都镇26株,仙寓镇和仁里镇各6株,大演乡8株,横渡镇3株,小河镇和丁香镇各4株,除大演乡有3株（编号:30657、30689、30690）长势较差外,其余植株长势中等至良好,且良好占比较高。

编号:30060
三甲村岭脚木犀,示主干

编号:30053
银堤村七庄木犀,示主干及树冠

编号:30055

三甲村金竹山木犀,示整体

左树编号:30056,中树编号:30057,右树编号:30058

三甲村金竹山(坝上)木犀,示主干及树冠

编号:30862

安元村汪山木犀,示整体

编号:30804

贡溪村卢家村木犀,示整体

编号:30026

六都村中间屋木犀,示主干

编号:30719

兰关村毛屋木犀,示整体

28. 南方红豆杉(*Taxus wallichiana* var. *mairei* (Lemée et H. Lév.) L. K. Fu et Nan Li)

又名红榧,属红豆杉科红豆杉属,常绿乔木。

我国特有树种,国家一级重点保护野生植物,安徽省仅分布于南部区域。作为三级古树,在石台县仅仙寓镇大山村有1株(编号:30553),目前长势良好。

编号:30553
大山树双坑阴边南方红豆杉,示主干及根部

29. 南紫薇（*Lagerstroemia subcostata* Koehne.）

又名苞饭花，属千屈菜科紫薇属，落叶乔木。
南紫薇喜湿润肥沃的土壤，常生于林缘、溪边。常作
为绿化树种。三级古树南紫薇在石台县仅仙寓镇大
山村王村（编号：30508）有1株分布，长势良好。

编号：30508
大山村王村河沿南紫薇，示整体

30. 女贞 (*Ligustrum lucidum* Ait.)

介绍见二级古树女贞。

作为三级古树,女贞在石台县共有17株分布,其中七都镇7株,仙寓镇2株,小河镇3株以及丁香镇5株,除七都镇有3株(编号:30001、300012、30126)长势较差外,其余植株长势均良好。

编号:30848

尧田村岭脚女贞,示整体

编号:30895

梓桐村上树茂塘女贞,示树冠

编号:30001

高路亭村上庄门口女贞,示整体

编号:30126

毛坦村墩上女贞,示整体

31. 朴树(*Celtis sinensis* Pers.)

介绍见二级古树朴树。

作为三级古树,朴树在石台县内共有10株,其中七都镇4株,仙寓镇1株,横渡镇2株,丁香镇3株,除七都镇的4株长势中等外,其余6株长势均为良好。

编号:30925

新中村朴树,示整体

编号:30907
林茶村朴树,示整体

编号:30137
河口村桥头朴树,示整体

编号:30407
七井村乱石里朴树,示主干

32. 青冈（*Cyclobalanopsis glauca* (Thunb.) Oerst.）

介绍见二级古树青冈。

作为三级古树,青冈在石台县内分布较少,仅有6株,其中仙寓镇4株,大演乡和小河镇各1株,除大演乡1株长势中等外,其余5株长势均良好。

编号:30672

新联村文孝庙青冈,示主干及树冠

编号:30558

珂田村古稀亭青冈,示主干及树冠

33. 青檀 (*Pteroceltis tatarinowii* Maxim.)

介绍见二级古树青檀。

作为三级古树,青檀在石台县分布较少,共计5株,其中七都镇3株,横渡镇2株,因人为修剪致使七都镇2株(编号30132.30442)长势中等,其余3株长势均良好,特别是横渡镇编号30735植株,虽然倒伏,偏向河内,并基部部分中空,但长势依然良好,形成奇特的景观。

编号:30132
河口村陈家畈青檀,示整体

编号:30735
横渡村钓鱼台青檀,示倒伏主干

编号:30023
芳村村青檀,示主干及树冠

编号:30790
河西村汪村青檀,示整体

34. 楸 (*Catalpa bungei* C. A. Mey.)

又名梓桐、水桐,属千紫葳科梓属,落叶乔木。

楸性喜肥土,生长迅速,树干通直,木材坚硬,为良好的建筑用材,可栽培作观赏树、行道树。三级古树楸在石台县分布较少,仅有3株生长,其中2株位于横渡镇、1株位于丁香镇,长势均良好。

编号:30742

横渡村广平村民组楸,示整体

编号:30742

横渡村广平村民组楸,示花

编号:30903

梓桐村梓园村民组楸,示整体

编号:30733

鸿陵村东风村民组楸,示整体

35. 三角枫（*Acer buergerianum* Miq.）

介绍见二级古树三角枫。

作为三级古树，三角枫在石台县分布较多，共计24株，其中七都镇14株，仙寓镇4株，大演乡3株，仁里镇、小河镇和丁香镇各1株，所有植株长势中等至良好，且良好占比较高。

编号：30113
七都村大岭三角枫，示根部及主干

编号：30172
八棚村三角枫，示整体

编号：30885
梓桐村三角枫，示整体

编号:30685

新唐村桥头三角枫,示整体

36. 山茱萸(*Cornus officinalis* Sieb. et Zucc.)

介绍见二级古树山茱萸。

作为三级古树,山茱萸在石台县分布较少,共计5株,且均位于七都镇,编号30337长势中等,其余4株均长势良好。

编号:30326
伍村村陈村田边山茱萸,示根部及主干

编号:30326
伍村村陈村田边山茱萸,示整体

编号：30166

高路亭村石印坑山茱萸，示整体

37. 杉木（*Cunninghamia lanceolata*（Lamb.）Hook.）

又名杉树、刺杉,属杉科杉木属,常绿乔木。

杉木为我国长江流域、秦岭以南地区栽培最广、生长快、经济价值高的用材树种。作为三级古树,杉木在石台县内分布较少,仅有3株,仙寓镇、大演乡和丁香镇各1株。大演乡杉木分支集中于树梢,中下部无侧枝生长,长势中等,其余2株杉木长势良好。

编号:30514

大山村茶园里杉木,示整体

示叶片

编号:30906

林茶村新岭杉木,示整体

编号:30660

新联村孙家杉木,示整体

38. 珊瑚朴(*Celtis julianae* Schneid.)

介绍见二级古树珊瑚朴。

作为三级古树,珊瑚朴在石台县分布较少,仅有7株,其中七都镇4株,仙寓镇3株,长势中等至良好。

编号:30448
七井村汪家水口珊瑚朴,示主干及树冠

编号:30520
大山村陈家下首珊瑚朴,示整体

编号:30522
大山村丁家下首珊瑚
朴,示整体

编号:30520
大山村陈家下首珊瑚
朴,示整体

39. 石楠（*Photinia serratifolia* (Desf.) Kalkman）

介绍见二级古树石楠。

作为三级古树,石楠在石台县分布较多,共计25株,其中七都镇10株,仙寓镇3株,大演乡2株,仁里镇4株,丁香镇6株,除位于大演乡青联村1株(编号:30702)因整体偏冠至路面,长势差并有一定的安全隐患,其余植株长势中等至良好,且良好占比较高。

编号:30595
莲花村上家塝石楠,示整体

编号:30892
梓桐村祠堂石楠,示整体

编号:30901
梓桐村猪头形石楠,示主干及树冠

编号：30018

启田村石楠，示整体

编号：30796

缘溪村石楠，示整体

编号：30702

青联村吴家村石楠，示整体

40. 栓皮栎 (*Quercus variabilis* Bl.)

又名软木栎, 属壳斗科栎属, 落叶乔木。

栓皮栎树皮木栓层发达, 是中国生产软木的主要原料, 作为三级古树, 在石台县仅仙寓镇利源村有1株 (编号: 30580), 长势良好。

编号: 30580

利源村三四组路边栓皮栋

41. 甜槠(*Castanopsis eyrei* (Champ.) Tutch.)

介绍见二级古树甜槠。

作为三级古树,甜槠在石台县仅分布较少,仅有6株,且全部位于仙寓镇,植株长势均良好。

编号:30501

大山村李村甜槠,示整体

编号:30543
山溪村甜槠,示整体

编号:30609
莲花村甜槠,示整体

编号:30511
大山村来垅甜槠,示根部

编号：30778
河西村乌桕，示整体

42. 乌桕（*Triadica sebifera* (L.) Small）

又名木子树，属大戟科乌桕属，落叶乔木。乌桕在我国主要分布于黄河以南各省区，生于旷野、塘边或疏林中。作为三级古树，乌桕在石台县内分布较少，仅有4株，且均分布于横渡镇，长势良好。

编号：30738
横渡村钓鱼台乌桕，示整体

编号：30717
兰关村岭坎乌桕，示主干及树冠

43. 梧桐(*Firmiana platanifolia* (L. f.) Marsili)

又名青桐,属梧桐科梧桐属,落叶乔木。

梧桐产于我国南北各省,为栽培于庭园的观赏树木,木材轻软,为制木匣和乐器的良材。作为三级古树,梧桐在石台县仅有1株(编号:30658),位于大演乡剡溪村,长势中等。

编号:30658

剡溪村小剡路口梧桐

44. 细叶青冈（*Quercus shennongii* C. C. Huang et S. H. Fu）

介绍见二级古树细叶青冈。

作为三级古树，细叶青冈在石台县分布极少，仅仙寓镇考坑村有1株（编号：30497），长势良好。

编号：30497
考坑村安民村口细叶青冈

45. 杨梅(*Myrica rubra* (Lour.) S. et Zucc.)

又名白蒂梅,属杨梅科杨梅属,常绿乔木。

杨梅是我国江南的著名水果,该种植物除野生外,已有长期的栽培历史,作为三级古树,杨梅在石台县内分布极少,仅横渡镇香口村竹林坑茶棵地内有1株(编号:30772),长势良好。

编号:30772
香口村竹林坑茶棵
地杨梅

同上

46. 野柿（*Diospyros kaki* Thunb. var. silvestris Makino）

又名山柿子，属柿科柿属，落叶乔木。

野柿为柿（*Diospyros kaki* Thunb.）一变种，为山野自生柿树，未成熟柿子用于提取柿漆。果脱涩后可食，亦有在树上自然脱涩的。作为三级古树，野柿在石台县仅仁里镇贡溪村有1株（编号：30810）生长，长势良好。

编号：30810

贡溪村张家村口野柿

47. 银杏(*Ginkgo biloba* L.)

介绍见二级古树银杏。

作为三级古树,银杏在石台县分布数量是三级古树中最多的,共计217株,分布最多的乡镇为七都镇,有170株;横渡镇次之,有24株;剩余的分别为仙寓镇12株,大演乡7株,丁香镇3株,矶滩乡1株。所有植株长势良好至中等,切良好占比高,但有1株(位于仙寓镇山溪村,编号:30546)因根部腐烂,植株濒危,虽长势良好,但后期需加强管护,防止根部腐烂加重。

编号:30035

六都村银杏,示整体

编号:30912
库山村银杏,示整体

编号:30754
历坝村汪家银杏,示整体

编号:30766
历坝村打鼓岭银杏,示根部

编号:30217

八棚村银杏,示整体

编号:30929
高乐村五昌庙银杏,示整体

编号:30234
八棚村下画坑银杏,示整体

编号:30400
七井村周家宕银杏,示整体

编号:30469
七井村水竹坦银杏,示整体

编号:30785
河西村银杏,示整体

编号:30471
高路亭村银杏,示整体

编号:30749
历坝村银杏,示整体

编号:30741
横渡村银杏,示整体

编号：30072

银堤村水宕银杏，示整体

48. 玉兰(*Yulania denudata* (Desr.) D. L. Fu)

介绍见二级古树玉兰。

作为三级古树,玉兰在石台县共计有12株,全部分布于七都镇,其中10株位于八棚村,另外2株分别位于银堤村和高路亭村,除位于七都镇的1株(编号:30252)因主杆空心枯死长势较差外,其他植株均长势良好。

编号:30239
八棚村下画坑玉兰,示主干

编号:30063
银堤村陈景祥屋后玉兰,示主干

编号:30252
八棚村上画坑水口玉兰,示主干

编号:30155
高路亭村中龙山水口玉兰,示树冠

49. 榆树（*Ulmus pumila* L.）

又名家榆、白榆，属榆科榆属，落叶乔木。

榆树分布于东北、华北、西北及西南各省区。长江下游各省有栽培，也为华北及淮北平原农村的习见树木。作为三级古树，榆树在石台县分布较少，仅七都镇及大演乡各1株，长势均良好。

编号：30102
七都村七都中学榆树，示树冠

编号:30696

青联村榆树,示整体

编号:30102

七都村七都中学榆树,示整体

50. 圆柏 (*Juniperus chinensis* L.)

介绍见二级古树圆柏。

作为三级古树,圆柏在石台县内分布较多,共计102株,其中七都镇74株,仙寓镇13株,大演乡、仁里镇及丁香镇各2株、横渡镇和矶滩乡各1株,小河镇7株,其中有3株(编号:30140、30141、30700)因人为削砍及立地条件较差等原因导致长势差,其余植株长势中等至良好。

编号:30840
梓丰村芦塘岗头圆柏,示整体

编号:30136
河口村坎下圆柏,示整体

编号:30336

伍村村谢家庙圆柏,示整体

编号:30140

毕家村圆柏,示部分主干

51. 皂荚(*Gleditsia sinensis* Lam.)

介绍见二级古树皂荚。

作为三级古树,皂荚在石台县分布较多,共计35株,其中七都镇19株,仙寓镇5株,大演乡、横渡镇及小河镇各3株,矶滩乡2株,除七都镇有1株(编号:30399)于2014年自然死亡,其余植株长势中等至良好。

编号:30377
七井村皂荚,示整体

编号：30720
兰关村石灰屋皂荚，示整体

编号：30022
芳村村皂荚，示整体

编号：30024
六都村皂荚，示主干及树冠

编号:30335
伍村村柯家皂荚,示整体

编号:30064
银堤村柏枝树皂荚,示整体

编号:30532
珂田村毛树墩皂荚,示整体

编号:30697
青联村柏坑皂荚,示主干

编号：30779

河西村皂荚，示整体

编号：30042

六都村太平山皂荚，示主干及树冠

52. 樟(*Cinnamomum camphora* (L.) Presl)

介绍见二级古树樟。

作为三级古树,樟在石台县分布较多,共计31株,其中仙寓镇和大演乡较多,分别为15株和13株,横渡镇、仁里镇和矶滩乡较少,各1株,所有植株长势中等至良好。

编号:30560

占坡村南山组樟,示树冠

编号:30664
新联村白三组樟,示整体

编号:30664
新联村白三组樟,示主干

编号:30565
占坡村杨家樟,示整体

编号:30584
莲花村小学樟,示整体

编号:30773
香口村来龙山樟,示整体

编号:30627
大演乡新农村龙门山庄樟,示主干
及树冠

53. 枳椇 (*Hovenia acerba* Lindl.)

介绍见二级古树枳椇。

作为三级古树,南方枳椇在石台县仅有3株,其中仙寓镇2株,大演乡1株,长势均良好。

编号:30645

大演乡新农村枳椇,示主干及树冠

54. 紫弹树（*Celtis biondii* Pamp.）

又名紫弹朴，属榆科朴树属，落叶乔木。

多生于山地灌丛或杂木林中。作为三级古树，紫弹树在石台县分布较少，且均位于仙寓镇，长势均良好。

编号：30593

莲花村长岭村民组紫弹树，示整体

编号：30599

莲花村芦田村民组紫弹树，示整体

55. 紫楠(*Phoebe sheareri* (Hemsl.) Gamble)

介绍见二级古树紫楠。

作为三级古树,紫楠在石台县仅仙寓镇大山村王村有2株生长,长势均良好。

编号:30507
大山王村村民组紫楠,示整体

编号:30509
大山王村村民组紫楠,示主干

56. 紫藤（*Wisteria sinensis*（Sims）Sweet）

又名周藤,属豆科紫藤属,落叶藤本。

本种我国自古即栽培作庭园棚架植物,先叶开花,紫穗满垂缀以稀疏嫩叶,十分优美。作为三级古树,紫藤在石台县分布较少,七都镇1株,长势良好;小河镇1株,长势中等。

编号:30454

七井村济下坑紫藤,示整体

57. 紫薇(*Lagerstroemia indica* L.)

又名痒痒树,属千屈菜科紫薇属,落叶灌木或小乔木。

紫薇因其花色鲜艳美丽,花期长,寿命长;树皮光滑,造型奇特等原因成为极具观赏价值的园艺品种,广泛栽培为庭园观赏树,有时亦作盆景。作为三级古树,紫薇在石台县分布较少,仅七都镇和小河镇各有1株生长,长势良好。

示花

编号:30096

七都村七都中学紫薇,示主干及树冠

58. 柞木(*Xylosma congesta* (Lour.) Merr.)

又名家榆、白榆,属大风子科柞木属,常绿乔木。
柞木常见于村落附近,也常栽培供观赏或作绿篱。作
为三级古树,柞木在石台县内分布较少,仅有2株生长
于仙寓镇莲花村,长势均良好。

编号:30594
莲花村长岭下首柞木,示整体

第三章　石台县古树群

经过全县范围内的普查,石台县分布有51个古树群,占地约40 ha,古树1120株,以豹皮樟、糙叶树、榧树、枫香树、黄连木、苦槠、麻栎、女贞、朴树、三角枫、栓皮栎、甜槠、樟、银杏、圆柏、紫柳、紫弹树等十余个树种为主。石台县的8个乡镇,除丁香镇和矶滩乡外,其余6个乡镇均有古树群分布,按照数量由多到少依次为仙寓镇17个、横渡镇10个、仁里镇8个、大演乡7个、七都镇5个、小河镇4个。

石台县古树群规模基本稳定在10—50株,少数古树群株数较多,如编号341722102011的甜槠古树群,位于仙寓镇大山村王村组,古树数量达370株,占地面积约5 ha;古树数量最少的古树群编号为341722102022紫弹树古树群,位于仙寓镇莲花村安边村民组,仅由3株组成。对古树群的平均胸径进行统计,其数值在31.9 cm(编号341722105003古树群)至95.5 cm(编号341722101050古树群)之间,主要集中于40—70 cm,有36个古树群,占比接近70.6%。古树群估测平均树龄多数在100—300年,估测平均树龄最高的为编号341722101050的古树群,以栓皮栎和枫香树为主要树种,平均年龄达500年。

石台县古树群分布图

一、仁里镇

　　仁里镇八个古树群总面积约6.3 ha,共有古树153株,主要的树种有紫柳、苦槠、白栎、银杏和黄连木,次要树种包括皂荚、石楠、榔榆、槐树、枫香树、豹皮樟、女贞、黄檀和紫藤。编号为341722100039、341722100043、341722100044的三个古树群管护现状较好,其余五个均为良好。从古树群的规模来看,各古树群的古树数量在6-40株,面积在0.2-3.3 ha不等,位于县国有林场黄沙坑管理站的编号为341722100044的紫柳古树群数量最多,有40株,占地1.0 ha,同样位于县国有林场黄沙坑管理站的编号为341722100045的紫柳古树群占地3.3 ha,为占地面积最大的古树群,超过其余7个古树群面积的总和。从古树群的历史来看,编号为341722100039的白栎古树群估测平均树龄最高,达310年,由17株白栎组成,平均胸围达54.1 cm,位于高宝村塘家组塘家青龙;编号为341722100038的苦槠古树群估测平均树龄最小,为100年,由19株苦槠组成,平均胸径36.0 cm,位于七里村南山组南山水库口。

编号：341722100038
七里村南山组南山水库口苦槠古树群

编号：341722100039
高宝村塘家组塘家青龙白栎古树群

编号：341722100041

高宝村兄脯组社屋塘银杏古树群

编号：341722100045
县国有林场黄沙坑管理站杉山工区中寺紫柳古树群

编号：341722100043
县国有林场黄沙坑管理站杉山工区菖蒲团紫柳古树群

编号：341722100044
县国有林场黄沙坑管理站杉山工区水牛园紫柳古树群

二、小河镇

　　小河镇四个古树群总面积约为 0.7 ha,共有古树 32 株,树种包括枫香树、马尾松、麻栎、黄连木、糙叶树和红果冬青,各古树群管护现状良好。梓丰村三个古树群中的枞树包枫香树古树群(编号 341722104027)由 5 株枫香树和 3 株马尾松组成,平均胸径达 60.5 cm,估测平均树龄为 300 年;芦塘组麻栎古树群(编号 341722104028)由 10 株麻栎和 3 株黄连木组成,平均胸径为 46.2 cm,估测平均树龄为 110 年;芦塘组黄连木古树群(编号 341722104029)由 5 株黄连木组成,平均胸径为 73.3 cm,平均树龄为 310 年。另安元村里河组糙叶树古树群(编号 341722104030)由 5 株糙叶树和 1 株红果冬青组成,平均胸径为 73.3 cm,估测平均树龄为 140 年。

编号：341722104027
梓丰村枞树包枫香树古树群

编号：341722104028
梓丰村芦塘组麻栎古树群

编号：341722104030

安元村里河组糙叶树古树群

三、七都镇

七都镇五个古树群总面积约为 4.8 ha，分布于高路亭村和八棚村，共有古树 145 株，树种包括麻栎、枫香树、黑壳楠、石楠、槐、黄连木、枫香树、银杏、栓皮栎等，各古树群管护现在良好。高路亭村 3 个古树群中石印坑组麻栎古树群（编号 341722101046）由麻栎和枫香树组成，共计 29 株，平均胸径达 79.6 cm，估测平均树龄为 300 年；中龙山组黑壳楠古树群（编号 341722101047）由黑壳楠和石楠组成，平均胸径 51.0 cm，估测平均树龄为 200 年；口上组栓皮栎古树群（编号 341722101050）由栓皮栎和枫香树组成，共计古树 30 株，平均胸径达 95.5 cm，估测平均树龄为 500 年。八棚村两个古树群均位于黄尖组，为枫香树古树群（编号 341722101048）和银杏古树群（编号 341722101049），平均胸径分别为 44.6 cm 和 48.0 cm，估测的平均树龄为 160 年和 170 年。

编号：341722101046
石印坑组麻栎古树群

编号：341722101048
八棚村黄尖组枫香树古树群

编号:341722101049

八棚村黄尖组阳边银杏古树群

四、横渡镇

横渡镇有十个古树群,分布于兰关村(3个)、河西村(3个)、历坝村(2个)和香口村(2个),总面积约4.0 ha,共有古树158株,以椆树、圆柏、枫香树、麻栎和樟为主要古树种类,个别古树群伴有少量木犀、三角枫、糙叶树、黄连木、朴树等古树。除341722105007号香口村下村组樟古树群管护现状较好外,其余9各古树群管护现状均为良好。从古树群的规模来看,各古树群的古树数量在5-41株之间,面积在0.1-1.5 ha不等,编号341722105005麻栎古树群古树数量最多,占地面积最大,由38株麻栎和3株枫香树组成,占地约1.5 ha,位于历坝村光明组来龙山;编号341722105004枫香树古树群古树数量最少,仅由3株枫香树和2株圆柏组成,占地约0.2 ha,位于历坝村跃进组杜家田。从古树群的历史来看,编号341722105010椆树古树群估测平均树龄最高,达300年,由5株椆树、3株银杏、1株朴树和1株青冈组成,平均胸围达63.7 cm,位于河西村狮马岭组桃花培。

编号:341722105004

历坝村跃进组枫香树古树群

编号:341722105005

历坝村光明组麻栎古树群

编号:341722105007

香口村下村组小学香樟古树群

编号:341722105008

河西村狮马岭组朴树古树群,示秋景

编号:341722105008
河西村狮马岭组朴树古树群

编号:341722105009
河西村狮马岭组枫香树古树群

五、大演乡

　　大演乡有七个古树群,分布于新联村(3个)、永福村(2个)、青联村(2个),总面积约10.0 ha,共有古树127株,以枫杨、樟、枫香树、女贞、黑壳楠、苦槠、银杏、朴树为主要的古树种类,部分种群中含少量豹皮樟、圆柏古树。除编号341722200032、341722200033古树群管护现状较好外,其余5各古树群管护现状均为良好。从古树群的规模来看,各古树群的古树数量在12—30株,面积在0.1—5.0 ha不等,古树数量最多的为341722200033号枫杨古树群,由30株枫杨组成,占地约4.0 ha,位于永福村高田组河边;编号341722200037黑壳楠古树群古树数量最少,由12株黑壳楠组成,占地约0.2 ha,位于青联村八组杨家村口。从古树群的历史来看,341722200036号古树群估测平均树龄最高,达210年,由5株朴树、5株银杏、3株黑壳楠组成,平均胸径达63.7 cm,位于青联村四青九组吴家村。

编号：341722200032

新联村白三组白石岭河滩古树群

编号：341722200037

青联村八组杨家村口黑壳楠古树群

编号:341722200034

永福村夏村组香樟古树群(摄影:胡传红)

编号：341722200033

永福村高田组枫杨古树群

编号：341722200035

新联村白三组文孝庙苦槠古树群

六、仙寓镇

仙寓镇有17个古树群,共计605株古树,为石台县八个乡镇古树群数量最多的乡镇,这17个古树群分布于莲花村(10个)、大山村(3个)、山溪村(2个)、占坡村(1个)、奇峰村(1个),以甜槠、枫香树、豹皮樟、枫杨、圆柏、三角枫、银杏、糙叶树、樟、黄连木和紫弹树为主要树种,部分种群内还含有少量野柿、槐树、麻栎、皂荚、黑壳楠、女贞、桑树和青冈等树种。除编号341722102011、341722102051两个古树群管护现状较好外,其余15各古树群管护现状均为良好。从种群的规模和历史两方面看,位于大山村王村组编号341722102011甜槠古树群种群规模最大、种群历史最长,该古树群由370甜槠组成,占地面积约5.0 ha,平均胸径为41.4 cm,估测平均树龄达380年。其他古树群古树数量在3-35株之间,占地面积0.1-3.3 ha不等,规模最小的古树群为编号341722102022紫弹树古树群,由3株紫弹树组成,占地仅0.1 ha,位于莲花村安边组。

编号：341722102011

大山村王村组甜槠古树群（摄影：丁长杰）

编号：341722102014
山溪村李铺组枫杨古树群

编号：341722102015
山溪村檀家组圆柏古树群

编号：341722102016
占坡村徐村组糙叶树古树群

编号：341722102018

莲花村横屋组枫杨古树群

编号：341722102025

莲花村芦田组枫香树古树群

编号:341722102020
莲花村上屋组黄连木古树群(摄影:叶明秀)

附　录

中国十大古树[①]

一、轩辕柏

位于陕西省延安市黄陵县桥山镇的黄帝陵内。轩辕柏耸立在桥山脚下的轩辕庙内，侧柏属，树高20 m以上，胸围7.8 m。虽经历了5000余年的风霜，至今干壮体美、枝叶繁茂，树冠覆盖面积达178 m²，树围号称"七搂八扎半，疙里疙瘩不上算"。由于世界上再无别的柏树比它年代久远，因此，英国人称它是"世界柏树之父"。

轩辕柏

据《古今图书集成》记载，陕西黄帝陵处的巨大侧柏树，为轩辕黄帝亲手种植，称"轩辕柏""黄帝柏""黄帝手植柏"或"黄陵古柏"。为海内外著名古树名木，海外侨胞经常在此举行

① 此部分内容的图片引自网络。

瞻仰活动。

　　黄帝陵南侧有一石碑，上书"汉武仙台"四字，碑侧有高大的土台，传说汉武帝征朔方回来，即在此祭祀黄帝。桥山东麓是黄帝庙，传说建于汉代，原在桥山西麓，宋时移此。庙门上方悬一巨大匾额，上书"轩辕庙"三个大字。

　　黄帝陵前设有祭亭，内立郭沫若亲书"黄帝陵"碑。碑亭内，存有毛泽东"祭黄帝陵文"手迹碑，孙中山歌颂黄帝的诗篇，以及邓小平题写的"炎黄子孙"石碑。

二、迎客松

　　位于安徽省黄山市黄山名胜风景区内海拔1670 m处的玉屏楼左侧，倚狮石破石而生，高9.91 m，径0.64 m，胸围2.05 m，枝下高2.54 m，树龄至少已有800年。迎客松枝干遒劲，雍容大度，姿态优美。虽饱经风霜，仍郁郁苍苍，充满生机。树干中部伸出长达7.6 m的两大侧枝展向前方，恰似一位好客的主人，挥展双臂，热情地欢迎五湖四海的宾客来黄山游览。游客到此，顿时游兴倍增，纷纷摄影留念，引以为幸。此松是国之瑰宝，是黄山的标志性景观。

迎客松

三、凤凰松

　　凤凰松位于安徽省池州市九华山风景名胜区内的闵园景区，是九华山的一大景观。松高7.68 m，胸径1 m，造型奇特，恰似凤凰展翅，故名。这棵凤凰古松，史载见于南北朝，相传为南北朝时期的神僧杯渡所植，距今已有1400年的历史，如今仍然挺拔苍翠、枝繁叶茂。凤凰松以其奇特雄姿和传奇故事，成为古今众多诗人、画家、摄影家的赞美诗和优美画幅中的主角,被当代著名画家李可染誉为"天下第一松"。

凤凰松主干略微扁平,高三米处枝干分成三股,中间枝干曲形向上,如凤凰翘首;一股微曲平缓下伸,似凤尾下摆;一股斜伸微翘、分两翼,似彩凤展翅。一枝昂然斜伸,宛若凤凰引颈;一枝平展四射,恰似凤凰开屏。

凤凰松

四、大将军柏和二将军柏

位于河南省郑州市嵩山南麓的嵩阳书院内,"大将军柏""二将军柏"是我国现存最古最大的柏树。林学专家测定,"二将军柏"是原始森林的遗物,树龄至少为4500岁,堪称"华夏第一柏",被专家们誉为"活着的文物""稀世珍宝"。

嵩阳书院内原有古柏三株,西汉元封六年(公元前110年),汉武帝刘彻游嵩岳时,见柏树高大茂盛,遂封为"大将军""二将军"和"三将军"。关于将军柏的树龄,一直是个神秘的话题。该树从受封至今,已有2000多年的历史。赵朴初老先生留有"嵩阳有周柏,阅世三千岁"的赞美诗句。

大将军柏

二将军柏

五、阿里山神木

在台湾省阿里山主峰的神木车站东侧,耸立着一棵高凌云霄的大树,树身略倾侧,主干已折断,但树梢的分枝却苍翠碧绿,摇曳多姿,为阿里山增添了不少魅力。树高约52 m,树围约23 m,需十几人才能合抱,巍巍挺立,遒劲苍郁,被人们尊为"阿里山神木"。

神木约生于周公摄政时代,故又被称为"周公桧",据推算它已有2300多年高龄,是亚洲树王,仅次于美洲的巨树"世界爷"。1956年秋,树身曾遭雷击,现在上端所植之二代木,为1962年栽种。但遗憾的是,1997年7月1日,因大雨而有半边倒塌。

在周公桧的东南方有一棵奇异有趣的"三代木"。三代木同一根株,能枯而后荣,重复长出祖孙三代的树木,是造化的神奇安排。横倒于地的第一代枯干,树龄已逾千年,矗立的第二代只剩空壳残根,高一丈(一丈约3.33米)的第三代则枝繁茂盛。

阿里山神木

六、帝王树

北京市门头沟潭柘寺的大殿前,有一棵银杏树。这棵树植于唐贞观年间,树龄已过千年。高达40余米,直径4 m有余,胸干周长9 m,遮阴面积达600 m²,要六七个人才能合抱。相传在清代,每有一代新皇帝继位登基,就从此树的根部长出一枝新干来,以后逐渐与老干合为一体。乾隆皇帝来寺游玩时,御封此树为"帝王树",这是迄今为止,皇帝对树木御封的最高封号,其职位远在著名的"五大夫松"和"遮阴侯"之上。

20世纪60年代初期,已经成为了普通百姓的原清朝末代皇帝爱新觉罗·溥仪,到潭柘寺游玩时,曾手指着帝王树上东北侧一根未与主干相合的侧细干,对负责接待的人戏说:"这根小树就是我,因为我不成材,所以它才长成歪脖树。"

相传，这棵"歪脖"银杏树，是为了与"帝王树"相配而后来补栽的，故称为"配王树"，也称为"娘娘树"。不过据当代科学研究发现，这两棵银杏树都是雄性，因而不能结果，所以永远都不会有"太子树"了。

帝王树

七、章台古梅

位于湖北省荆州市太师渊章华寺，矗立在章台寺（现名章华寺）院内大雄宝殿前方的这棵楚梅树，与浙江天台隋梅、湖北黄梅县江心古寺的晋梅、浙江杭州大明堂院内的唐梅、浙江超山报慈寺前的宋梅，并称为我国五大古梅。相传，这棵梅树是楚灵王所植，至今已有2500多年的树龄，可称得上是中国最古老的梅树，享有"中华第一梅""天下第一古梅"的称号。

相传，这里曾经是楚灵王与他的妃子们享乐所用的后花园，园里种有一片占地约3 ha的梅林。但随着历史演进和时代变迁，最终存活下来的梅树只剩这一棵了，而且至今都还郁郁葱葱，枝繁叶茂，生机蓬勃。经历了两千多年的风雨，也享受着无数善男信女们的香火。

每年腊月，满树的腊梅盛开，香飘百米，吸引不少游客前去观看，感受它坚韧不拔、不屈不挠、自强不息的精神品质，可称得上是一道靓丽的奇景。清人李葆元曾有《章台古梅》诗云："香凝白雪争千载，影瘦江南剩一枝。"

章台古梅

八、定林寺古树

　　山东莒县城西九公里处有座山峰耸峙，风景宜人的浮来山。山上古刹定林寺内有株树龄达4000余年的"天下第一银杏树"，高26.3 m，树干周长15.7 m，树冠遮阴面积高达900多平方米，是世界上最古老的银杏树，它已被列入"世界之最"和《世界吉尼斯大全》。

定林寺古树

古银杏树参天而立，远看形如山丘，龙盘虎踞，气势磅礴，冠似华盖，繁荫数亩。树下古碑林立，诗词萃集，留下了先人的许多题咏纪略。其中"大树龙盘会鲁侯，……"（《左传》记载："鲁隐公八年，九月辛卯，公及莒人盟于浮来。"）是指春秋时期，莒国的国君莒子与鲁国的国君鲁侯，在银杏树下，结盟修好一事。那时，此树虽无确切年龄记载，却已为"大树"。又如清顺治甲午年间，莒知州陈全国所立碑云："此树至今三千余年"，就是说此树在三百年前就已三千余岁了。因而古人留下"十亩荫森更生寒，秦松汉柏莫论年"的佳句。据专家考证，这株大银杏树历经20个朝代，在大禹治水之前已有之，是一部"活历史"，被人们称作"活化石"。

九、天马河古榕

在距广州市100 km外的江门市新会区天马河的河心沙洲岛上，有一株500多年历史的奇特的大榕树。这棵树高约15 m，枝干上长着美髯般的气生根，着地后木质化，抽枝发叶，长成新枝干。新干上又长成新气生根，生生不已，变成一片根枝错综、扑朔迷离的榕树丛。这样，随着时间的推移，这棵大榕树竟独木成林。林中栖息着成千上万只鸟雀。

天马河古榕

这是一株枝叶婆娑、根茎相连的巨大古榕树，覆荫面积达10000 m²，笼罩着13000多平方米的河面，四面环水。数以千计的鹭鸶栖息其间。白鹭、麻鹭日间觅食，夜间归来。灰鹭夜出，早晨归来。漫天鸟群翱翔回旋，怡然自乐，故又名雀墩。1933年，著名作家巴金来到这里游览后，有感而发，写出了脍炙人口的散文——《鸟的天堂》，因此得名。现在树旁设有观鸟亭，辟为天然公园。

十、世界柏树王

有"世界巨柏王"之称的巨柏林，位于雅鲁藏布江和尼洋河下游海拔3000—3400 m的沿江河谷里。在巴结乡境内的巨柏自然保护区，散布生长着数百棵千年古柏，是西藏特有的古树——巨柏（亦称为雅鲁藏布江柏木）。巴结乡境内的巨柏自然保护区，树木分布集中，生长较好，是一片较完整的巨柏林。这些古柏平均高度约为44 m，胸径为158 cm。在古柏林中央有一株十几人都不能环抱的巨柏，它高达50多米，直径近6 m，树冠投影面积达一亩有余。经测算，这株巨柏的年龄已有2000－2500年之久，被当地人以"神树"加以保护。

世界柏树王

全国绿化委员会
关于加强保护古树名木工作的决定

全绿字〔1996〕7号

各省、自治区、直辖市绿化委员会,各有关部门绿化委员会,中国人民解放军、中国人民武装警察部队绿化委员会,新疆生产建设兵团绿化委员会:

我国幅员辽阔,历史悠久,自然文化遗产丰富。百年以上树龄的树木,稀有、珍贵树木,具有历史价值和重要纪念意义的树木等古树名木,是我国林木资源中的瑰宝,也是自然界和前人留下的珍贵遗产,具有重要的科学、文化、经济价值。加强古树名木的保护,发展珍贵稀有和有纪念意义的树木,对于弘扬民族精神,普及林业科学知识,增强人们绿化意识和环境意识,促进社会主义精神文明和物质文明建设都具有十分重要的意义。为此,全国绿化委员会作出如下决定:

一、要通过绿化美化知识的普及、历史文化传统教育和观赏旅游等多种形式,大力开展保护古树名木的宣传教育。增强全社会对保护古树名木重要意义的认识,弘扬中华民族爱树护林的优良传统。

二、各地、各部门和广大群众都要严格执行国家、地方法律、法规的有关规定,依法做好保护古树名木的工作。要认真总结以往保护复壮古树名木的经验,进一步落实各项保护管理措施。古树名木资源情况尚不清楚的城镇、乡村要在普查的基础上,建立古树名木档案,制订和完善管理制度,落实管护责任,严禁一切损害古树名木的行为。

三、全国各地的村、乡和城镇都要在绿化规划的指导下,选择适宜本地生长、寿命长、价值高、具有科学意义和纪念意义的优良树种,组织群众精心栽植、培育,加强保护,世代相传。

各级绿化委员会要加强对保护发展古树名木工作的统一领导、组织协调和督促检查。各级林业、园林等有关部门要分工负责,密切配合,把这项工作作为增强全民绿化意识,促进社会主义精神文明建设的一项重要工作,切实抓出成效。

具体实施办法,由全国绿化委员会办公室组织有关部门另行制定。

安徽省古树名木保护条例

安徽省人民代表大会常务委员会公告(第十九号)

《安徽省古树名木保护条例》已经2009年12月16日安徽省第十一届人民代表大会常务委员会第十五次会议通过,现予公布,自2010年3月12日起施行。

安徽省人民代表大会常务委员会
2009年12月16日

第一章 总 则

第一条 为了加强古树名木保护,合理利用古树名木资源,促进生态文明建设,根据《中华人民共和国森林法》等法律、行政法规,结合本省实际,制定本条例。

第二条 本条例适用于本省行政区域内古树名木的保护管理。

本条例所指古树,是指树龄100年以上的树木。

本条例所指名木,是指具有历史价值或者重要纪念意义的树木。

第三条 古树名木实行属地保护管理。保护古树名木坚持以政府保护为主,专业保护与公众保护相结合的原则。

第四条 各级人民政府应当加强对古树名木保护的宣传教育,增强公众保护意识,鼓励和促进古树名木保护的科学研究,推广古树名木保护的科研成果和技术,提高古树名木的保护水平。

县级以上人民政府应当按照古树名木保护级别,分别安排经费,专项用于古树名木的资源调查、认定、保护、抢救以及古树名木保护的宣传、培训等工作。

第五条 县级以上人民政府绿化委员会统一组织、协调本行政区域内古树名木的保护管理工作。

县级以上人民政府林业、城市绿化等行政主管部门按照各自职责,负责古树名木的保护管理工作。

第六条 鼓励单位和个人向国家捐献古树名木以及捐资保护、认养古树名木。

各级人民政府应当对捐献古树名木以及保护古树名木成绩显著的单位或者个人,给予表彰和奖励。

第二章 认 定

第七条 县级以上人民政府绿化委员会应当组织林业、城市绿化行政主管部门每5年对本行政区域内古树名木资源进行普查,对古树名木进行登记、编号、拍照,建立资源档案。

鼓励单位和个人向县级以上人民政府林业、城市绿化行政主管部门报告发现的古树名木资源。接到报告的林业、城市绿化行政主管部门应当及时进行调查,更新古树名木资源档案。

第八条 古树按照下列标准分级:

(一)树龄500年以上的古树为一级;

(二)树龄300年以上不满500年的古树为二级;

(三)树龄100年以上不满300年的古树为三级。

名木按照一级古树保护。

第九条 古树名木按照下列规定进行认定:

(一)一级古树、名木由省人民政府绿化委员会组织林业、城市绿化行政主管部门成立专家委员会进行鉴定,报省人民政府认定后公布;

(二)二级古树由设区的市人民政府绿化委员会组织林业、城市绿化行政主管部门成立专家委员会进行鉴定,报设区的市人民政府认定后公布;

(三)三级古树由县级人民政府绿化委员会组织林业、城市绿化行政主管部门成立专家委员会进行鉴定,报县级人民政府认定后公布。

有关单位或者个人对古树名木的认定有异议的,可以向省人民政府绿化委员会提出。省人民政府绿化委员会根据具体情况,可以重新组织鉴定。

第十条 县级以上人民政府林业、城市绿化行政主管部门可以根据当地古树名木资源情况,每5年确定一批树龄接近100年的树木作为古树后备资源,参照三级古树的保护措施实行保护。

第三章 养 护

第十一条 县级以上人民政府林业、城市绿化行政主管部门按照下列规定,确定古树名木的养护责任单位:

(一)在机关、部队、企业事业单位等用地范围内的古树名木,所在单位为养护责任单位;

(二)在铁路、公路、江河堤坝和水库湖渠用地范围内的古树名木,铁路、公路和水利工程管理单位为养护责任单位;

(三)在自然保护区、森林公园、风景名胜区、地质公园用地范围内的古树名木,该园区的管理机构为养护责任单位;

(四)在文物保护单位、寺庙等用地范围内的古树名木,所在单位为养护责任单位;

(五)在城市道路、街巷、绿地以及其他公共设施用地范围内的古树名木,城市园林绿化管理单位为养护责任单位;

(六)在农村集体所有土地范围内的古树名木,该村民委员会或者村民小组为养护责任单位。

私人所有的古树名木,所有者为养护责任人。

在城市住宅小区范围内的古树名木,由住宅小区所在地街道办事处组织养护。

有关单位或者个人对确定的古树名木养护责任有异议的,可以向县级以上人民政府林业、城市绿化行政主管部门申请复核。

第十二条　县级以上人民政府林业、城市绿化行政主管部门应当与养护责任单位或者个人签订养护责任书,明确养护责任和义务。

养护责任单位或者个人应当加强对古树名木的日常养护,保障古树名木正常生长,防范和制止各种损害古树名木的行为,并接受林业、城市绿化行政主管部门的指导和监督检查。

古树名木遭受有害生物危害或者人为和自然损伤,出现明显的生长衰弱、濒危症状的,养护责任单位或者个人应当及时报告所在地县级以上人民政府林业、城市绿化行政主管部门。林业、城市绿化行政主管部门应当在接到报告后及时组织专业技术人员进行现场调查,并采取相应措施对古树名木进行抢救和复壮。

第十三条　省人民政府绿化委员会应当根据名木、古树的级别,组织制定养护技术规范和相应的保护措施,并向社会公布。

县级以上人民政府林业、城市绿化行政主管部门应当加强对古树名木养护技术规范的宣传和培训,指导养护责任单位和个人按照养护技术规范对古树名木进行养护,并无偿提供技术服务。

县级以上人民政府林业、城市绿化行政主管部门应当定期组织专业技术人员对古树名木进行专业养护,发现有害生物危害古树名木或者其他生长异常情况时,应当及时救治。

第十四条　县级以上人民政府林业、城市绿化行政主管部门应当制定预防重大灾害损害古树名木的应急预案。

县级以上人民政府林业、城市绿化行政主管部门在重大灾害发生时,应当及时启动应急预案,组织采取相应措施。

第十五条　古树名木的日常养护费用,由养护责任单位或者个人承担。县级以上人民政府林业、城市绿化行政主管部门应当根据具体情况,对古树名木养护责任单位或者个人给予适当补助。

因保护古树名木,对有关单位或者个人造成财产损失的,由县级以上人民政府林业、城市绿化行政主管部门给予适当补偿。

第四章　管　　理

第十六条　县级以上人民政府林业、城市绿化行政主管部门应当加强对古树名木保护的监督管理,每年至少组织一次对古树名木工作的检查。

第十七条　古树名木由负责认定的人民政府设立保护牌,并根据实际需要设置保护栏、避雷装置等相应的保护设施。

古树名木保护牌应当标明古树名木名称、学名、科名、树龄、保护级别、编号、养护责任单位或者个人、设置时间以及砍伐、擅自移植或者毁坏古树名木应当承担的法律责任等内容。捐资保护、认养古树名木的单位或者个人可以在古树名木保护牌中享有认养期限内的署名权。

任何单位和个人不得擅自移动或者损毁古树名木保护牌及保护设施。

第十八条　禁止下列损害古树名木的行为:

(一)砍伐;

(二)擅自移植;

（三）刻划、钉钉、剥损树皮、掘根、攀树、折枝、悬挂物品或者以古树名木为支撑物；

（四）在距离古树名木树冠垂直投影5 m范围内取土、采石、挖砂、烧火、排烟以及堆放和倾倒有毒有害物品；

（五）危害古树名木正常生长的其他行为。

第十九条　建设项目影响古树名木正常生长的，建设单位应当在施工前制定古树名木保护方案，并按照古树名木保护级别报相应的林业、城市绿化行政主管部门审查。林业、城市绿化行政主管部门应当在收到保护方案后10日内作出审查决定，符合养护技术规范的，经审查同意后，由本级人民政府批准。

古树名木保护方案未经批准，建设单位不得开工建设。

第二十条　有下列情形之一的，可以对古树名木采取移植保护措施：

（一）原生长环境不适宜古树名木继续生长，可能导致古树名木死亡的；

（二）建设项目无法避让的；

（三）科学研究等特殊需要的。

古树名木的生长状况，可能对公众生命、财产安全造成危害的，县级以上人民政府林业、城市绿化行政主管部门应当采取相应的防护措施。采取防护措施后，仍无法消除危害的，报经批准后予以移植。

第二十一条　移植古树名木，应当按照古树名木保护级别向相应的林业、城市绿化行政主管部门提出移植申请，并提交下列材料：

（一）移植申请书；

（二）移植方案；

（三）移入地有关单位或者个人出具的养护责任承诺书。

林业、城市绿化行政主管部门受理移植申请后，应当组织有关专家对移植方案的可行性进行论证，并在30日内审核完毕。经审核同意后，由有权机关依法批准；审核不同意或者不予批准的，应当书面告知申请人并说明理由。

第二十二条　经批准移植的古树名木，由专业绿化作业单位按照批准的移植方案和移植地点实施移植。

移植古树名木的全部费用以及移植后5年内的恢复、养护费用由申请移植单位承担。

第二十三条　古树名木死亡的，养护责任单位或者个人应当按照古树名木保护级别，及时报告相应的林业、城市绿化行政主管部门。林业、城市绿化行政主管部门应当在接到报告后5日内组织专业技术人员进行确认，查明原因和责任后注销登记，并报本级人民政府绿化委员会备案。

任何单位和个人不得擅自处理未经林业、城市绿化行政主管部门确认死亡的古树名木。

经林业、城市绿化行政主管部门确认死亡的古树名木具有景观价值的，可以采取相应措施处理后予以保护。

第二十四条　县级以上人民政府林业、城市绿化行政主管部门应当建立举报制度，公布举报电话号码、通信地址或者电子邮件信箱。

任何单位或者个人均有权举报危害古树名木正常生长的违法行为。林业、城市绿化行政主管部门接到举报后，应当依法调查处理。

第五章　法律责任

第二十五条　违反本条例第十二条第二款规定,古树名木养护责任单位或者个人因养护不善致使古树名木损伤的,由县级以上人民政府林业、城市绿化行政主管部门责令改正,并在林业、城市绿化行政主管部门的指导下采取相应的救治措施;拒不采取救治措施的,由林业、城市绿化行政主管部门予以救治,并可处以1000元以上5000元以下的罚款。

第二十六条　违反本条例第十七条第三款规定,擅自移动或者损毁古树名木保护牌及保护设施的,由县级以上人民政府林业、城市绿化行政主管部门责令限期恢复原状;逾期未恢复原状的,由林业、城市绿化行政主管部门代为恢复原状,所需费用由责任人承担。

第二十七条　违反本条例第十八条第一项、第二项规定,砍伐或者擅自移植古树名木,未构成犯罪的,由县级以上人民政府林业、城市绿化行政主管部门责令停止违法行为,没收古树名木,并处以古树名木价值1倍以上5倍以下的罚款;造成损失的,依法承担赔偿责任。

第二十八条　违反本条例第十八条第三项、第四项规定,有下列行为之一的,由县级以上人民政府林业、城市绿化行政主管部门责令停止违法行为、恢复原状或者采取补救措施,并可以按照下列规定处罚:

（一）刻划、钉钉、攀树、折枝、悬挂物品或者以古树名木为支撑物的,处以200元以上1000元以下的罚款;

（二）在距离古树名木树冠垂直投影5 m范围内取土、采石、挖砂、烧火、排烟以及堆放和倾倒有毒有害物品的,处以1000元以上5000元以下的罚款;

（三）剥损树皮、掘根的,处以2000元以上1万元以下的罚款。

前款违法行为导致古树名木死亡的,依照本条例第二十七条规定处罚。

第二十九条　违反本条例第十九条第二款规定,古树名木保护方案未经批准,建设单位擅自开工建设的,由县级以上人民政府林业、城市绿化行政主管部门责令限期改正或者采取其他补救措施;造成古树名木死亡的,依照本条例第二十七条规定处罚。

第三十条　违反本条例第二十三条第二款规定,擅自处理未经林业、城市绿化行政主管部门确认死亡的古树名木的,由县级以上人民政府林业、城市绿化行政主管部门没收违法所得,每株处以2000元以上1万元以下的罚款。

第三十一条　县级以上人民政府林业、城市绿化行政主管部门违反本条例规定,有下列情形之一,未构成犯罪的,对直接负责的主管人员和其他直接责任人员依法给予行政处分:

（一）违反规定认定古树名木的;

（二）未依法履行古树名木保护与监督管理职责的;

（三）违法批准移植古树名木的;

（四）其他滥用职权、徇私舞弊、玩忽职守行为的。

第六章　附　　则

第三十二条　本条例自2010年3月12日起施行。

池州市古树名木保护管理办法

第一章 总 则

第一条 为加强古树名木的保护和管理,根据《中华人民共和国森林法》、《城市绿化条例》(国务院第100号令)、《安徽省古树名木保护条例》等法律、法规规定,结合本市实际,制定本办法。

第二条 本办法适用于本市行政区域内古树名木的保护管理。

本办法所指古树,是指树龄100年以上的树木。

本办法所指名木,是指具有历史价值或者重要纪念意义的树木。

第三条 古树名木实行属地保护管理。保护古树名木坚持以政府保护为主,专业保护与公众保护相结合的原则。

第四条 各级人民政府应当加强对古树名木保护的宣传教育,增强公众保护意识,鼓励和促进古树名木保护的科学研究,推广古树名木保护的科研成果和技术,提高古树名木的保护水平。

县级以上人民政府应当将古树名木保护经费纳入财政预算,建立专项资金,用于古树名木的资源调查、认定、保护、养护、抢救以及古树名木保护管理宣传教育、人员培训等工作。

第五条 市、县级人民政府绿化委员会统一组织、协调本行政区域内古树名木的保护管理工作。

城市建成区范围内的古树名木由住房城乡建设行政主管部门负责保护、管理。

城市建成区范围以外的古树名木由林业行政主管部门负责保护、管理。

农业、水务、交通、环保等部门应当根据各自职责,依法做好古树名木保护管理工作。

第六条 鼓励单位和个人向国家捐献古树名木以及捐资保护、认养古树名木。

各级人民政府应当对捐献古树名木以及保护古树名木成绩显著的单位或者个人,给予表彰和奖励。

第二章 认 定

第七条 县级以上人民政府绿化委员会应当组织林业、住房城乡建设行政主管部门每5年对本行政区域内古树名木资源进行普查,对古树名木进行登记、编号、拍照,建立资源档案。

鼓励单位和个人向县级以上人民政府林业、住房城乡建设行政主管部门报告发现的古树名木资源。接到报告的林业、住房城乡建设行政主管部门应当及时进行调查,更新古树名木资源档案。

第八条 古树按照下列标准分级:

(一)树龄500年以上的古树为一级;

(二)树龄300年以上不满500年的古树为二级;

（三）树龄100年以上不满300年的古树为三级。

名木按照一级古树保护。

第九条　古树名木按照下列规定进行认定：

（一）一级古树、名木申请由省人民政府绿化委员会组织林业、住房城乡建设行政主管部门成立专家委员会进行鉴定，报省人民政府认定后公布；

（二）二级古树由市人民政府绿化委员会组织林业、住房城乡建设行政主管部门成立专家委员会进行鉴定，报市人民政府认定后公布；

（三）三级古树由县级人民政府绿化委员会组织林业、住房城乡建设行政主管部门成立专家委员会进行鉴定，报县级人民政府认定后公布。

有关单位或者个人对古树名木的认定有异议的，可以向省人民政府绿化委员会提出。

第十条　县级以上人民政府林业、住房城乡建设行政主管部门可以根据当地古树名木资源情况，每5年确定一批树龄接近100年的树木作为古树后备资源，参照三级古树的保护措施实行保护。

第三章　养　护

第十一条　古树名木保护管理工作实行专业养护管理和单位、个人保护管理相结合的原则，确定古树名木的养护责任单位：

（一）在机关、部队、企业事业单位等用地范围内的古树名木，所在单位为养护责任单位；

（二）在铁路、公路、江河堤坝和水库湖渠用地范围内的古树名木，铁路、公路和水利工程管理单位为养护责任单位；

（三）在自然保护区、森林公园、风景名胜区、地质公园用地范围内的古树名木，该园区的管理机构为养护责任单位；

（四）在文物保护单位、寺庙等用地范围内的古树名木，所在单位为养护责任单位；

（五）在城市道路、街巷、绿地以及其他公共设施用地范围内的古树名木，城市园林绿化管理单位为养护责任单位；

（六）在农村集体所有土地范围内的古树名木，该村民委员会或者村民小组为养护责任单位。

在城市社区范围内的古树名木，由社区所在地街道办事处组织养护。

私人所有的古树名木，所有者为养护责任人。

有关单位或者个人对确定的古树名木养护责任有异议的，可以向市、县级人民政府林业、住房城乡建设行政主管部门申请复核。

第十二条　市、县级人民政府林业、住房城乡建设行政主管部门应当与养护责任单位或者个人签订养护责任书，明确养护责任和义务，每年对古树名木养护责任单位或者个人给予适当的养护经费补助。

养护责任单位或者个人应当加强对古树名木的日常养护，保障古树名木正常生长，防范和制止各种损害古树名木的行为，并接受林业、住房城乡建设行政主管部门的指导和监督检查。

古树名木遭受有害生物危害或者人为和自然损伤,出现明显的生长衰弱、濒危症状的,养护责任单位或者个人应当及时报告所在地县级以上人民政府林业、住房城乡建设行政主管部门。林业、住房城乡建设行政主管部门应当在接到报告后及时组织专业技术人员进行现场调查,并采取相应措施对古树名木进行抢救和复壮。

第十三条 市、县级林业、住房城乡建设行政主管部门应当加强对古树名木养护技术规范的宣传和培训,指导养护责任单位和个人按照养护技术规范对古树名木进行养护,并无偿提供技术服务。

市、县级林业、住房城乡建设行政主管部门应当定期组织专业技术人员对古树名木进行专业养护,发现有害生物危害古树名木或者其他生长异常情况时,应当及时救治。

第十四条 市、县级林业、住房城乡建设行政主管部门应当制定预防重大灾害损害古树名木的应急预案。

市、县级林业、住房城乡建设行政主管部门在重大灾害发生时,应当及时启动应急预案,组织采取相应措施。

因保护古树名木,对有关单位或者个人造成财产损失的,由市、县级林业、住房城乡建设行政主管部门给予适当补偿。

第四章 管 理

第十五条 市、县级林业、住房城乡建设行政主管部门应当加强对古树名木保护的监督管理,每年至少组织一次对古树名木工作的检查。

第十六条 古树名木由负责认定的人民政府设立保护牌,并根据实际需要设置保护栏、避雷装置等相应的保护设施。

古树名木保护牌统一规格为 210 mm × 300 mm,应当标明古树名木名称、学名、科名、树龄、保护级别、编号、养护责任单位或个人、设立保护牌单位、设置时间等内容。

捐资保护、认养古树名木的单位或者个人可以在认养的古树名木旁设立认养牌,并享有保护牌中认养期限内的署名权。

任何单位和个人不得擅自移动或者损毁古树名木保护牌及保护设施。

第十七条 禁止下列损害古树名木的行为:

(一)砍伐;

(二)擅自移植;

(三)刻划、钉钉、剥损树皮、掘根、攀树、折枝、悬挂物品或者以古树名木为支撑物;

(四)在距离古树名木树冠垂直投影 5 m 范围内取土、采石、挖砂、烧火、排烟以及堆放和倾倒有毒有害物品;

(五)危害古树名木正常生长的其他行为。

第十八条 建设项目影响古树名木正常生长的,建设单位应当在施工前制定古树名木保护方案,并按照古树名木保护级别报相应的林业、住房城乡建设行政主管部门审查。林业、住房城乡建设行政主管部门应当在收到保护方案后 10 日内作出审查决定,符合养护技术规范的,经审查同意后,由本级人民政府批准。

古树名木保护方案未经批准,建设单位不得开工建设。

第十九条　有下列情形之一的,可以对古树名木采取移植保护措施:

(一)原生长环境不适宜古树名木继续生长,可能导致古树名木死亡的;

(二)建设项目无法避让的;

(三)科学研究等特殊需要的。

古树名木的生长状况,可能对公众生命、财产安全造成危害的,市、县级林业、住房城乡建设行政主管部门应当采取相应的防护措施。采取防护措施后,仍无法消除危害的,报经批准后予以移植。

第二十条　移植古树名木,应当按照古树名木保护级别向相应的林业、住房城乡建设行政主管部门提出移植申请,并提交下列材料:

(一)移植申请书;

(二)移植方案;

(三)移入地有关单位或者个人出具的养护责任承诺书。

林业、住房城乡建设行政主管部门受理移植申请后,应当组织有关专家对移植方案的可行性进行论证,并在30日内审核完毕。经审核同意后,由有权机关依法批准;审核不同意或者不予批准的,应当书面告知申请人并说明理由。

第二十一条　经批准移植的古树名木,由专业绿化作业单位按照批准的移植方案和移植地点实施移植。

移植古树名木的全部费用以及移植后5年内的恢复、养护费用由申请移植单位承担。

第二十二条　古树名木死亡的,养护责任单位或者个人应当按照古树名木保护级别,及时报告相应的林业、住房城乡建设行政主管部门。林业、住房城乡建设行政主管部门应当在接到报告后5日内组织专业技术人员进行确认,查明原因和责任后注销登记,并报本级人民政府绿化委员会备案。

任何单位和个人不得擅自处理未经林业、住房城乡建设行政主管部门确认死亡的古树名木。

经林业、住房城乡建设行政主管部门确认死亡的古树名木具有景观价值的,可以采取相应措施处理后予以保护。

第二十三条　市、县级林业、住房城乡建设行政主管部门应当建立举报制度,公布举报电话号码、通信地址或者电子邮件信箱。

任何单位或者个人均有权举报危害古树名木正常生长的违法行为。林业、住房城乡建设行政主管部门接到举报后,应当依法调查处理。

第五章　法律责任

第二十四条　违反本办法第十二条第二款规定,古树名木养护责任单位或者个人因养护不善致使古树名木损伤的,依据《安徽省古树名木保护条例》,由县级以上人民政府林业、住房城乡建设行政主管部门责令改正,并在林业、住房城乡建设行政主管部门的指导下采取相应的救治措施;拒不采取救治措施的,由林业、住房城乡建设行政主管部门予以救治,并可处以1000元以上5000元以下的罚款。

第二十五条　违反本办法第十六条第四款规定,擅自移动或者损毁古树名木保护牌及保护设施的,依据《安徽省古树名木保护条例》,由县级以上人民政府林业、住房城乡建设行政主管部门责令限期恢复原状;逾期未恢复原状的,由林业、住房城乡建设行政主管部门代为恢复原状,所需费用由责任人承担。

第二十六条 违反本办法第十七条第一项、第二项规定,砍伐或者擅自移植古树名木,未构成犯罪的,依据《安徽省古树名木保护条例》,由县级以上人民政府林业、住房城乡建设行政主管部门责令停止违法行为,没收古树名木,并处以古树名木价值1倍以上5倍以下的罚款;造成损失的,依法承担赔偿责任。

第二十七条 违反本办法第十七条第三项、第四项规定,有下列行为之一的,依据《安徽省古树名木保护条例》,由县级以上人民政府林业、住房城乡建设行政主管部门责令停止违法行为、恢复原状或者采取补救措施,并可以按照下列规定处罚:

(一)刻划、钉钉、攀树、折枝、悬挂物品或者以古树名木为支撑物的,处以200元以上1000元以下的罚款;

(二)在距离古树名木树冠垂直投影5 m范围内取土、采石、挖砂、烧火、排烟以及堆放和倾倒有毒有害物品的,处以1000元以上5000元以下的罚款;

(三)剥损树皮、掘根的,处以2000元以上1万元以下的罚款。

前款违法行为导致古树名木死亡的,依照本办法第二十六条规定处罚。

第二十八条 违反本办法第十八条第二款规定,古树名木保护方案未经批准,建设单位擅自开工建设的,依据《安徽省古树名木保护条例》,由县级以上人民政府林业、住房城乡建设行政主管部门责令限期改正或者采取其他补救措施;造成古树名木死亡的,依照本办法第二十六条规定处罚。

第二十九条 违反本办法第二十二条第二款规定,擅自处理未经林业、住房城乡建设行政主管部门确认死亡的古树名木的,依据《安徽省古树名木保护条例》,由县级以上人民政府林业、住房城乡建设行政主管部门没收违法所得,每株处以2000元以上1万元以下的罚款。

第三十条 县级以上人民政府林业、住房城乡建设行政主管部门违反本办法规定,有下列情形之一,未构成犯罪的,对直接负责的主管人员和其他直接责任人员依法给予行政处分:

(一)违反规定认定古树名木的;

(二)未依法履行古树名木保护与监督管理职责的;

(三)违法批准移植古树名木的;

(四)其他滥用职权、徇私舞弊、玩忽职守行为的。

第六章 附 则

第三十一条 本办法适用中的具体问题,由市林业、住房城乡建设行政主管部门负责解释。

第三十二条 本办法自2015年1月1日起施行。池州市人民政府2003年6月11日颁布的《池州市古树名木保护管理暂行办法》(池州市人民政府令第10号)同时废止。

参 考 文 献

[1] 《中国树木志》编委会.中国树木志[M].北京:中国林业出版社,1983.

[2] 安徽省林业厅,安徽省林学会.安徽古树名木[M].合肥:安徽科学技术出版社,2001.

[3] 安徽省林业厅.安徽省野生动植物资源[M].合肥:合肥工业大学出版社,2006.

[4] 李成岐,米泰岩,周翰儒.安徽经济植物志[M].合肥:安徽科学技术出版社,2006.

[5] 李书春,李秾,刘秀梅,等.安徽木本植物[M].合肥:安徽科学技术出版社,1983.

[6] 安徽省徽州行政公署林业局,徽州林学会.徽州古树[M].北京:中国林业出版社,1986.